超人气 PPT 模版设计素材展示

毕业答辩类模板

教育培训类模板

Excel

龙马高新教育

◎编著

2016办公应用

从入门到精通

北京大学出版社
PEKING UNIVERSITY PRESS

图书在版编目（CIP）数据

Excel 2016 办公应用从入门到精通 / 龙马高新教育编著. ——
北京：北京大学出版社，2016.7
ISBN 978-7-301-27124-7

Ⅰ.①E… Ⅱ.①龙… Ⅲ.①表处理软件 Ⅳ.① TP391.13

中国版本图书馆 CIP 数据核字 (2016) 第 101143 号

内容提要

本书通过精选案例引导读者深入学习，系统地介绍了办公软件 Excel 2016 的相关知识和应用方法。

全书分为 5 篇，共 17 章。第 1 篇"快速入门篇"主要介绍 Excel 2016 的安装与配置、Excel 2016 的基本操作、工作表的编辑与数据输入技巧及工作表美化设计及数据的查看等；第 2 篇"公式函数篇"主要介绍简单及复杂数据的处理等；第 3 篇"数据分析篇"主要介绍数据列表管理、图表的应用及数据透视表和透视图等；第 4 篇"高效办公实战篇"主要介绍 Excel 在企业办公、人力资源、市场营销及财务管理中的高效应用等；第 5 篇"高手秘籍篇"主要介绍 Excel 文档的打印、宏与 VBA 的应用及 Office 组件间的协作等。

本书附赠的 DVD 多媒体教学光盘，包含了 13 小时与图书内容同步的教学录像及所有案例的配套素材和结果文件。此外，还含有大量相关学习内容的教学录像及扩展学习电子书等。为了满足读者在手机和平板电脑上学习的需要，光盘中还赠送龙马高新教育手机 APP 软件，读者安装后可观看手机版视频学习文件。

本书不仅适合 Excel 初、中级用户学习，也可以作为各类院校相关专业学生和计算机培训班学员的教材或辅导用书。

书 名	Excel 2016 办公应用从入门到精通
	Excel 2016 BANGONG YINGYONG CONG RUMEN DAO JINGTONG
著作责任者	龙马高新教育 编著
责任编辑	尹毅
标准书号	ISBN 978-7-301-27124-7
出版发行	北京大学出版社
地 址	北京市海淀区成府路 205 号　100871
网 址	http://www.pup.cn　　新浪微博：@ 北京大学出版社
电子信箱	pup7@ pup.cn
电 话	邮购部 62752015　发行部 62750672　编辑部 62580653
印 刷 者	北京大学印刷厂
经 销 者	新华书店
	787 毫米 ×1092 毫米　16 开本　21 印张　496 千字
	2016 年 7 月第 1 版　2017 年 2 月第 2 次印刷
印 数	4001-6000 册
定 价	59.00 元

Excel 2016 很神秘吗？

不神秘！

学习 Excel 2016 难吗？

不难！

阅读本书能掌握 Excel 2016 的使用方法吗？

能！

为什么要阅读本书

Excel 是现代公司日常办公中不可或缺的工具，被广泛地应用于财务、行政、人事、统计和金融等众多领域。本书从实用的角度出发，结合实际应用案例，模拟真实的办公环境，介绍 Excel 2016 的使用方法与技巧，旨在帮助读者全面、系统地掌握 Excel 在办公中的应用。

本书内容导读

本书共分为 5 篇，共 17 章，内容如下。

第 0 章 共 5 段教学录像，主要介绍了 Excel 的最佳学习方法，使读者在正式阅读本书之前对 Excel 2016 有初步的了解。

第 1 篇（第 1 ～ 4 章）为快速入门篇，共 29 段教学录像。主要介绍了 Excel 的基本操作，通过对本篇的学习，读者可以掌握 Excel 2016 的安装与配置、Excel 2016 的基本操作、工作表的编辑与数据输入技巧和工作表美化设计及数据的查看等操作。

第 2 篇（第 5 ～ 6 章）为公式函数篇，共 19 段教学录像。主要介绍 Excel 中各种公式的运用，通过对本篇的学习，读者可以掌握简单及复杂的数据处理等。

第 3 篇（第 7 ～ 9 章）为数据分析篇，共 26 段教学录像。主要介绍 Excel 数据分析的各种操作，通过对本篇的学习，读者可以掌握数据列表管理、图表的应用及数据透视表和透视图等。

第 4 篇（第 10 ～ 13 章）为高效办公实战篇，共 12 段教学录像。主要介绍

Excel 在企业办公、人力资源、市场营销及财务管理中的高效应用等。

第 5 篇（第 14 ~ 16 章）为高手秘籍篇，共 17 段教学录像。主要介绍 Excel 文档的打印、宏与 VBA 的应用及 Office 组件间的协作等。

📘 选择本书的 N 个理由

❶ 简单易学，案例为主

以案例为主线，贯穿知识点，实操性强，与读者需求紧密吻合，模拟真实的工作学习环境，帮助读者解决在工作中遇到的问题。

❷ 高手支招，高效实用

每章最后提供有一定质量的实用技巧，满足读者的阅读需求，也能解决在工作学习中一些常见的问题。

❸ 举一反三，巩固提高

每章案例讲述完后，提供一个与本章知识点或类型相似的综合案例，帮助读者巩固和提高所学内容。

❹ 海量资源，实用至上

光盘中，赠送大量实用的模板、实用技巧及学习辅助资料等，便于读者结合光盘资料学习。另外，本书赠送《高效能人士效率倍增手册》，在强化读者学习的同时也可以在工作中提供便利。

☢ 超值光盘

❶ 13 小时名师视频指导

教学录像涵盖本书所有知识点，详细讲解每个实例及实战案例的操作过程和关键点。读者可更轻松地掌握 Excel 2016 软件的使用方法和技巧，而且扩展性讲解部分可使读者获得更多的知识。

❷ 超多、超值资源大奉送

随书奉送 Office 2016 软件安装指导录像、通过互联网获取学习资源和解题方法、办公类手机 APP 索引、办公类网络资源索引、Office 十大实战应用技巧、200 个 Office 常用技巧汇总、1000 个 Office 常用模板、Excel 函数查询手册、Windows 10 安装指导录像、Windows 10 教学录像、《手机办公 10 招就够》手册、《微信高手技巧随身查》手册及《QQ 高手技巧随身查》手册等超值资源，以方便读者扩展学习。

❸ 手机 APP，让学习更有趣

光盘附赠了龙马高新教育手机 APP，用户可以直接安装到手机中，随时随地问同学、问专家，尽享海量资源。同时，我们也会不定期向你手机中推送学习中常见难点、使用技巧、行业应用等精彩内容，让你的学习更加简单有效。扫描下方二维码，可以直接下载手机APP。

光盘运行方法

1．将光盘印有文字的一面朝上放入光驱中，几秒钟后光盘就会自动运行。

2．若光盘没有自动运行，可在【计算机】窗口中双击光盘盘符，或者双击"MyBook. exe"光盘图标，光盘就会运行。播放片头动画后便可进入光盘的主界面，如下图所示。

3．单击【视频同步】按钮，可进入多媒体教学录像界面。在左侧的章节按钮上单击鼠标左键，在弹出的快捷菜单上单击要播放的小节，即可开始播放相应小节的教学录像。

4．另外，主界面上还包括 APP 软件安装包、素材文件、结果文件、赠送资源、

使用说明和支持网站 6 个功能按钮，单击可打开相应的文件或文件夹。

　　5．单击【退出】按钮，即可退出光盘系统。

本书读者对象

　　1．没有任何 Excel 应用基础的初学者。

　　2．有一定应用基础，想精通 Excel 2016 的人员。

　　3．有一定应用基础，没有实战经验的人员。

　　4．大专院校及培训学校的老师和学生。

后续服务：QQ 群（218192911）答疑

　　本书为了更好地服务读者，专门设置了 QQ 群为读者答疑解惑，读者在阅读和学习本书过程中可以把遇到的疑难问题整理出来，在"办公之家"群里探讨学习。另外，群文件中还会不定期上传一些办公小技巧，帮助读者更方便、快捷地操作办公软件。"办公之家"的群号是 218192911，读者也可直接扫描二维码加入本群，如下图所示。欢迎加入"办公之家"！

创作者说

　　本书由龙马高新教育策划，左琨任主编，李震、赵源源任副主编，为您精心呈现。您读完本书后，会惊奇地发现"我已经是 Excel 2016 办公达人了"，这也是让编者最欣慰的结果。

　　本书编写过程中，我们竭尽所能地为您呈现最好、最全的实用功能，但仍难免有疏漏和不妥之处，敬请广大读者不吝指正。若您在学习过程中产生疑问，或有任何建议，可以通过 E-mail 与我们联系。

　　我们的电子邮箱是：pup7@pup.cn。

C目 录
ONTENTS

第 0 章　Excel 最佳学习方法

本章 5 段教学录像

0.1　Excel 都可以在哪些地方应用 2

0.2　不同行业对 Excel 的技能要求 3

0.3　必须避免的 Excel 办公学习误区 4

0.4　如何成为 Excel 办公高手 4

第 1 篇　快速入门篇

第 1 章　快速上手——Excel 2016 的安装与配置

本章 6 段教学录像

Excel 2016 是微软公司推出的 Office 2016 办公系列软件的一个重要组成部分，主要用于电子表格处理，可以高效地完成各种表格和图的设计，进行复杂的数据计算和分析。

1.1　Excel 2016 的安装与卸载 9

　1.1.1　安装 9

　1.1.2　卸载 9

1.2　Excel 2016 的启动与退出 10

　1.2.1　启动 10

　1.2.2　退出 11

　1.2.3　其他特殊的启动方式 11

1.3　随时随地办公的秘诀——Microsoft 账户 12

1.4　熟悉 Excel 2016 的工作界面 15

　1.4.1　认识 Excel 的工作界面 15

　1.4.2　自定义状态栏 17

1.5　提高你的办公效率——修改默认设置 18

　1.5.1　自定义功能区 18

　1.5.2　添加命令到快速访问工具栏 20

　1.5.3　自定义功能快捷键 22

　1.5.4　禁用屏幕提示功能 22

　1.5.5　禁用粘贴选项按钮 23

　1.5.6　更改文件的作者信息 23

高手支招

◇ 安装 Office 2016 时需要注意的问题 24

◇ 在任务栏中启动 Excel 2016 24

第 2 章　Excel 2016 的基本操作

本章 5 段教学录像

对于初学 Excel 的人员来说，可能会将工作簿和工作表搞混淆，而这两者的操作又是 Excel 中首先应该了解的。

2.1　创建工作簿 26

　2.1.1　创建空白工作簿 26

　2.1.2　使用联机模板创建工作簿 26

2.2　保存工作簿 27

　2.2.1　保存新建工作簿 27

　2.2.2　保存已有工作簿 27

　2.2.3　另存工作簿 27

　2.2.4　自动保存 28

2.3　工作簿的基本操作 28

　2.3.1　打开和关闭工作簿 28

　2.3.2　工作簿的复制和移动 30

　2.3.3　工作簿版本和格式的转换 30

Excel 2016 办公应用
从入门到精通

2.3.4　保护工作簿 ·················31
2.3.5　共享工作簿 ·················32
2.4　工作表的基本操作 ················33
2.4.1　插入工作表 ·················33
2.4.2　删除工作表 ·················34
2.4.3　选择工作表 ·················34
2.4.4　重命名工作表 ···············35
2.4.5　移动和复制工作表 ···········36
2.4.6　显示和隐藏工作表 ···········38
2.4.7　设置工作表标签的颜色 ·······39
2.4.8　保护工作表 ·················40

高手支招

◇ 恢复未保存的工作簿 ············ 41
◇ 删除最近使用过的工作簿记录 ···· 41
◇ 修复损坏的 Excel 工作簿 ········ 42
◇ 工作表之间快速切换的技巧 ······ 42

第 3 章　工作表的编辑与数据输入技巧

本章 9 段教学录像

　　对于初学 Excel 的人员来说，在单元格中编辑数据是第一步操作，因此针对这一问题，本章详细为用户介绍了如何在单元格中输入数据及对单元格的基本操作。

3.1　公司员工考勤表 ················44
3.1.1　案例概述 ···················44
3.1.2　设计思路 ···················44
3.2　输入数据技巧 ··················45
3.2.1　输入文本 ···················45
3.2.2　输入以"0"开头员工编号 ·····45
3.2.3　输入时间日期 ···············46
3.2.4　快速填充数据 ···············46
3.3　编辑数据常用技巧 ··············48
3.3.1　修改数据 ···················48
3.3.2　复制和移动数据 ·············49
3.3.3　查找和替换数据 ·············50
3.3.4　撤销和恢复数据 ·············51

3.3.5　清除数据 ···················52
3.4　编辑数据的高级技巧 ············52
3.4.1　快速转换数据的格式 ·········53
3.4.2　设置数据的小数位数 ·········53
3.4.3　模糊匹配查找数据 ···········54
3.4.4　为数据添加单位 ·············54
3.5　单元格的选取与定位 ············55
3.5.1　选择单元格 ·················55
3.5.2　选择单元格连续区域 ·········56
3.5.3　选择单元格不连续区域 ·······57
3.5.4　选择所有单元格 ·············57
3.6　单元格的基本操作 ··············58
3.6.1　插入与删除单元格 ···········58
3.6.2　合并与拆分单元格 ···········59
3.7　行、列和单元格的操作 ··········61
3.7.1　插入行与列 ·················61
3.7.2　删除行与列 ·················62
3.7.3　调整行高与列宽 ·············63
◉ 举一反三——制作工作计划进度表···65

高手支招

◇ 使用右键填充 ·················· 66
◇ 使用"快速填充"合并多列单元格 ······· 67
◇【F4】键的妙用 ················· 67
◇ 在不同单元格快速输入同一内容 ········· 68

第 4 章　工作表美化设计及数据的查看

本章 9 段教学录像

　　本章详细介绍表格的创建和编辑、文本段落的格式化设计、套用表格样式、设置条件格式以及数据的查看方式等内容，从而帮助用户掌握制作表格和美化表格的操作。

4.1　员工资料归档管理表 ···········70
4.1.1　案例概述 ···················70
4.1.2　设计思路 ···················70
4.1.3　涉及知识点 ·················70
4.2　输入标题 ·····················71

4.2.1 插入标题文本框 71
4.2.2 设计标题的艺术字效果 ...71
4.2.3 添加公司 Logo 72
4.3 创建和编辑管理表 74
4.3.1 创建表头 74
4.3.2 编辑归档管理表 74
4.4 文本段落的格式化 76
4.4.1 设置字体 76
4.4.2 设置对齐方式 76
4.4.3 设置边框和背景 77
4.5 使用样式 78
4.5.1 设置单元格样式 78
4.5.2 套用表格格式 79
4.6 设置条件样式 81
4.6.1 突出显示未归档的信息 81
4.6.2 设置项目的选取规则 82
4.6.3 添加数据条效果 82
4.7 工作表数据的查看 83
4.7.1 全屏幕查看工作表数据 83
4.7.2 按比例查看工作表数据 84
4.7.3 按打印页面分页查看工作表数据 ...85
4.7.4 在多窗口查看数据 86
4.7.5 冻结行列标题查看数据 87
◉ 举一反三——美化人事变更表 88

高手支招

◇ 神奇的 Excel 格式刷 88
◇ 巧妙制作斜线表头 89
◇ 让文本框大小自动适应内容 90

第2篇 公式函数篇

第5章 简单数据的快速计算
　　——公式

📽 本章7段教学录像

本章将为用户详细地介绍公式的输入和使用、单元格

的引用及审核公式是否正确等内容。

5.1 费用支出报销单 93
5.1.1 案例概述 93
5.1.2 设计思路 93
5.1.3 涉及知识点 93
5.2 公式的输入和编辑 94
5.2.1 公式的组成 94
5.2.2 公式中的运算符和优先级 94
5.2.3 输入公式 95
5.2.4 编辑公式 97
5.2.5 公式的复制 97
5.2.6 使用"快速填充"进行公式复制 ...98
5.3 单元格的引用 98
5.3.1 相对引用 98
5.3.2 绝对引用 99
5.3.3 混合引用 99
5.3.4 使用引用 100
5.4 使用名称简化公式 102
5.4.1 定义名称 102
5.4.2 在公式中引用名称 103
5.4.3 管理名称 104
5.5 审核计算公式是否正确 105
5.5.1 显示公式 106
5.5.2 公式错误检查与追踪 106
◉ 举一反三——全年商品销量的计算 ...108

高手支招

◇ 使用【Alt】键快速求和 109
◇ 隐藏计算公式的技巧 109
◇ 快速定位包含公式的单元格 111
◇ 将文本型数字转换为数值 111

第6章 复杂数据的处理技巧
　　——函数

📽 本章12段教学录像

本章介绍了函数的基本概念和输入，然后通过常见函

数的使用来具体掌握各个函数的功能，最后通过案例综合运用相关函数，为更好地使用函数，运用好函数奠定了坚实的基础。

6.1 公司员工工资薪酬表 114
6.1.1 案例概述 114
6.1.2 设计思路 114
6.1.3 涉及知识点 114

6.2 函数的应用技巧 115
6.2.1 函数的组成和参数类型 115
6.2.2 函数的分类 115
6.2.3 插入函数 116
6.2.4 函数的嵌套 117

6.3 文本函数 118
6.3.1 LEN 函数：从身份证中提取性别信息 118
6.3.2 TEXT、MID 函数：从身份证中提取出生日期 119

6.4 日期与时间函数 120
6.4.1 TODAY 函数：显示填写报表的日期 120
6.4.2 YEAR 函数：计算年龄 121

6.5 逻辑函数 122
6.5.1 AND 函数：判断员工是否完成工作量 122
6.5.2 IF 函数：计算业绩提成奖金 123

6.6 查找与引用函数 124
6.6.1 VLOOKUP 函数：从另一个工作表提取数据 124
6.6.2 LOOKUP 函数：从向量数组中查找一个值 125

6.7 数学与三角函数 126

6.8 统计函数 127
6.8.1 COUNTA 函数：计算指定区域中非空白单元格的个数 127
6.8.2 MAX 函数：计算个人所得税 128
6.8.3 ROUND 函数：对实发工资进行求和 129

6.9 批量制作员工工资条 129

6.9.1 利用 VLOOKUP 函数批量制作工资条 129
6.9.2 利用 IF 函数嵌套批量制作工资条 131

6.10 其他常用函数的应用 132
6.10.1 信息函数 132
6.10.2 工程函数 133
6.10.3 兼容性函数 134
6.10.4 Web 函数 134
● 举一反三——制作凭证明细查询表 135

高手支招
◇ 使用邮件合并批量制作工资条 ······· 136
◇ 函数参数的省略与简写 ············ 138
◇ 巧用函数提示功能输入函数 ········· 138

第3篇 数据分析篇

第7章 初级数据处理与分析 ——数据列表管理

本章 8 段教学录像

通过本章的学习，让用户掌握数据的处理和分析技巧，并通过所学知识轻松快捷地管理数据列表。

7.1 基本销售报表 141
7.1.1 案例概述 141
7.1.2 设计思路 141
7.1.3 涉及知识点 141

7.2 设置数据验证 142
7.2.1 设置销售员工工号长度验证 142
7.2.2 设置输入信息时的提示 143
7.2.3 设置输入错误时的警告信息 143
7.2.4 设置单元格的下拉选项 144

7.3 排序数据 145
7.3.1 单条件排序 145
7.3.2 多条件排序 146
7.3.3 按行或列排序 146

7.3.4 自定义排序 ………………148

7.4 筛选数据 …………………………148

7.4.1 自动筛选 …………………………149

7.4.2 高级筛选 …………………………149

7.4.3 自定义筛选 ………………………151

7.5 数据的分类汇总 …………………153

7.5.1 创建分类汇总 ……………………153

7.5.2 分级显示 …………………………153

7.5.3 清除分类汇总 ……………………154

7.6 合并计算 …………………………155

7.6.1 按位置合并计算 …………………155

7.6.2 由多个明细表快速生成汇总表……156

● 举一反三——分析与汇总员工培训成绩

统计表 ………………………………158

🎯 **高手支招**

◇ 让表中序号不参与排序 ……………… 159

◇ 通过筛选删除空白行 ………………… 160

◇ 筛选多个表格的重复值 ……………… 161

◇ 合并相同项 …………………………… 162

第8章 中级数据处理与分析 ——图表的应用

📹 本章 9 段教学录像

图表作为一种比较形象、直观的表达形式，不仅可以表示各种数据的数量的多少，还可以表示数量增减变化的情况以及部分数量同总数之间的关系等信息。

8.1 季度销售额报表 …………………166

8.1.1 案例概述 …………………………166

8.1.2 设计思路 …………………………166

8.1.3 涉及知识点 ………………………166

8.2 图表类型及创建 …………………167

8.2.1 如何选择合适的图表 ……………167

8.2.2 创建图表 …………………………169

8.3 图表的美化和调整 ………………170

8.3.1 调整图表的位置和大小 …………170

8.3.2 调整图表布局 ……………………171

8.3.3 修改图表样式 ……………………172

8.3.4 更改图表类型 ……………………172

8.3.5 移动图表到新工作表 ……………173

8.3.6 美化图表区和绘图区 ……………174

8.4 添加图表元素 ……………………175

8.4.1 图表的组成 ………………………175

8.4.2 添加图表标题 ……………………176

8.4.3 添加数据标签 ……………………176

8.4.4 添加数据表 ………………………177

8.4.5 设置网线 …………………………177

8.4.6 设置图例显示位置 ………………178

8.5 为各月销售情况创建迷你图 ……179

8.6 其他图表的制作 …………………179

8.6.1 折线图 ……………………………179

8.6.2 饼图 ………………………………180

8.6.3 条形图 ……………………………181

8.6.4 面积图 ……………………………181

8.6.5 XY(散点图) ……………………182

8.6.6 股价图 ……………………………183

8.6.7 曲面图 ……………………………183

8.6.8 雷达图 ……………………………184

8.6.9 树状图 ……………………………185

8.6.10 旭日图 ……………………………185

8.6.11 直方图 ……………………………186

8.6.12 箱形图 ……………………………186

8.6.13 瀑布图 ……………………………187

8.6.14 使用组合图表 ……………………188

● 举一反三——项目预算分析图表……188

🎯 **高手支招**

◇ 制作双纵坐标轴图表 ………………… 189

◇ 分离饼图制作技巧 …………………… 191

◇ Excel 表中添加趋势线 ……………… 192

◇ 将数据透视表转为图片形式……………… 214

第9章 专业数据的分析——数据透视表和透视图

📹 本章 9 段教学录像

作为专业的数据分析工具，数据透视表不但可以清晰地展示出数据的汇总情况，而且对数据的分析和决策起着至关重要的作用。

9.1 公司财务分析报表 …………… 194

9.1.1 案例概述 ……………………194

9.1.2 设计思路 ……………………194

9.1.3 涉及知识点 …………………194

9.2 整理数据源 ……………… 195

9.2.1 判断数据源是否可用 ………195

9.2.2 将二维表整理为一维表 ……195

9.2.3 删除数据源中的空行和空列 …196

9.3 创建透视表 ……………… 198

9.4 编辑透视表 ……………… 199

9.4.1 修改数据透视表 ……………199

9.4.2 添加或者删除记录 …………200

9.4.3 设置数据透视表选项 ………201

9.4.4 改变数据透视表的布局 ……202

9.4.5 整理数据透视表的字段 ……202

9.4.6 刷新数据透视表 ……………204

9.4.7 在透视表中排序 ……………204

9.5 数据透视表的格式设置 …… 205

9.5.1 使用内置的数据透视表样式 …205

9.5.2 为数据透视表自定义样式 …206

9.5.3 设置默认样式 ………………207

9.6 创建销售数据清单透视图 …… 208

9.6.1 通过数据区域创建数据透视图 …208

9.6.2 通过数据透视表创建数据透视图 …209

9.6.3 美化数据透视图 ……………210

9.7 使用切片器同步筛选多个数据透视表 ……… 211

◉ 举一反三——制作日常办公费用开支透视表 …………212

🍴 高手支招

◇ 组合数据透视表内的数据项 ………………213

第 4 篇 高效办公实战篇

第 10 章 Excel 在企业办公中的高效应用

📹 本章 3 段教学录像

本章主要介绍 Excel 在企业办公中的高效应用，包括制作客户联系人管理表、部门经费预算汇总表和资料统计表。

10.1 客户联系人管理表 …………… 217

10.1.1 设计思路 …………………217

10.1.2 知识点应用分析 …………217

10.1.3 案例实战 …………………217

10.2 部门经费预算安排汇总表 …… 220

10.2.1 设计思路 …………………220

10.2.2 知识点应用分析 …………220

10.2.3 案例实战 …………………220

10.3 资料统计表 ……………… 223

10.3.1 设计思路 …………………224

10.3.2 知识点应用分析 …………224

10.3.3 案例实战 …………………224

第 11 章 Excel 在人力资源中的高效应用

📹 本章 3 段教学录像

本章主要介绍 Excel 在人力资源管理中的高效应用，包括制作公司年度培训计划表、员工招聘程序流程图以及员工绩效考核表。

11.1 公司年度培训计划表 …………… 230

11.1.1 设计思路 …………………230

11.1.2 知识点应用分析 …………230

11.1.3 案例实战 …………………230

11.2 员工招聘程序流程图 …………… 233

11.2.1 设计思路 …………………233

11.2.2 知识点应用分析 …………234

11.2.3 案例实战 …………………234

11.3 员工绩效考核表 239
　11.3.1 设计思路 239
　11.3.2 知识点应用分析 239
　11.3.3 案例实战 240

第 12 章　Excel 在市场营销中的高效应用

🎬 本章 3 段教学录像

本章根据市场营销中的实际应用的需要，详细地介绍了市场营销项目计划表、产品销售分析与预测以及进销存管理表的制作及美化。

12.1 市场营销项目计划表 244
　12.1.1 设计思路 244
　12.1.2 知识点应用分析 244
　12.1.3 案例实战 244
12.2 产品销售分析与预测 247
　12.2.1 设计思路 247
　12.2.2 知识点应用分析 247
　12.2.3 案例实战 247
12.3 进销存管理表 250
　12.3.1 设计思路 250
　12.3.2 知识点应用分析 250
　12.3.3 案例实战 251

第 13 章　Excel 在财务管理中的高效应用

🎬 本章 3 段教学录像

本章主要介绍如何制作员工实发工资单、现金流量表和分析资产负债管理表等操作，让读者对 Excel 在财务管理中的高级应用技能有更加深刻的理解。

13.1 公司员工实发工资表 256
　13.1.1 设计思路 256
　13.1.2 知识点应用分析 256
　13.1.3 案例实战 257
13.2 现金流量表 263
　13.2.1 设计思路 264

　13.2.2 知识点应用分析 264
　13.2.3 案例实战 264
13.3 分析资产负债管理表 268
　13.3.1 设计思路 268
　13.3.2 知识点应用分析 268
　13.3.3 案例实战 269

第 5 篇　高手秘籍篇

第 14 章　Excel 文档的打印

🎬 本章 4 段教学录像

通过本章节的学习，读者可以轻松地添加打印机、设置打印前的页面效果、选择打印的范围，同时，通过高级技巧的学习，读者可以掌握行号、列表、网格线、表头等打印的技巧。

14.1 添加打印机 279
　14.1.1 将打印机共享 279
　14.1.2 添加和测试局域网打印机 279
14.2 Excel 页面的设置 281
　14.2.1 页面设置 281
　14.2.2 设置合适的页边距 282
　14.2.3 设置页眉页脚 283
　14.2.4 设置打印区域 285
14.3 打印 Excel 文档 286
　14.3.1 打印预览 286
　14.3.2 打印活动工作表 287
　14.3.3 仅打印指定区域 287
　14.3.4 打印整个工作簿 288
14.4 Excel 打印的高级技巧 288
　14.4.1 打印行号和列表 288
　14.4.2 打印网格线 289
　14.4.3 打印每一页都有表头 289
　14.4.4 强制在某个单元格处重新开始分页
　　　打印 290
　14.4.5 将打印内容缩放到 1 页中 291

🖥 高手支招

◇ Excel 工作表的居中打印 ················ 291

◇ 不打印单元格底纹和颜色 ··············· 292

◇ 不打印工作表中的图形对象 ············· 293

第 15 章　宏与 VBA 的应用

📽 本章 9 段教学录像

　　使用宏和 VBA 的主要作用是提高工作效率，让重复的工作只需要单击一个按钮，就可以轻松地完成。

15.1　认识宏 ································ 296

15.2　创建和运行宏 ······················ 296

　　15.2.1　创建宏的两种方法 ···········296

　　15.2.2　运行宏 ·······················298

15.3　宏的管理 ···························· 299

　　15.3.1　编辑宏 ·······················299

　　15.3.2　删除宏 ·······················300

　　15.3.3　加载宏 ·······················300

　　15.3.4　宏的安全设置 ···············301

15.4　认识 VBA ··························· 301

　　15.4.1　什么是 VBA ·················301

　　15.4.2　VBA 与宏 ···················301

　　15.4.3　VBA 的编程环境 ···········302

15.5　Excel VBA 语言基础 ·············· 302

　　15.5.1　常量和变量 ·················302

　　15.5.2　运算符 ·······················303

　　15.5.3　过程 ·························303

　　15.5.4　基本语句结构 ···············303

　　15.5.5　对象与集合 ·················304

15.6　函数的应用 ························· 304

　　15.6.1　常用的 VBA 函数 ···········304

　　15.6.2　自定义函数 ·················305

15.7　用户窗体控件的使用 ··············· 305

　　15.7.1　用户窗体的基本操作 ········305

　　15.7.2　控件插入与使用 ·············308

15.8　使用 VBA 制作员工奖金管理系统 ···· 309

🖥 高手支招

◇ 启用禁用的宏 ·························· 312

◇ 自定义函数有哪些误区 ················· 312

第 16 章　Office 组件间的协作

📽 本章 4 段教学录像

　　本章主要学习 Office 中的组件之间的协同办公功能。主要包括 Word 与 Excel 之间的协作、Excel 与 PowerPoint 之间的协作。

16.1　Word 与 Excel 之间的协作 ········· 314

　　16.1.1　在 Word 文档中创建 Excel 工作表 ····314

　　16.1.2　在 Word 中调用 Excel 工作表 ····314

　　16.1.3　在 Word 文档中编辑 Excel 工作表 ····315

16.2　Excel 与 PowerPoint 之间的协作 ····· 316

　　16.2.1　在 PowerPoint 中调用 Excel 工作表 ····316

　　16.2.2　在 PowerPoint 中调用 Excel 图表 ····317

16.3　Excel 和 Access 之间的协作 ········· 318

　　16.3.1　在 Excel 中调用 Access 数据库文件 ····318

　　16.3.2　在 Access 中调用 Excel 工作表 ····319

　　16.3.3　Access 文件导出为电子表格数据 ····320

🖥 高手支招

◇ 在 Word 中调用幻灯片 ················· 321

◇ 将 Word 导出为 PDF 文件 ·············· 322

第 0 章
Excel 最佳学习方法

本章导读

在学习 Excel 2016 之前，首先需要了解 Excel 都在哪些行业应用及不同行业对 Excel 的要求。了解目前常见的 Excel 版本，必须要避免的 Excel 学习误区和如何成为 Excel 办公高手。

思维导图

0.1 Excel 都可以在哪些地方应用

Excel 属于办公软件。一般来说，凡是制作表格都可以用 Excel，而且对需要大量计算的表格特别适用。下面介绍 Excel 主要的应用领域。

1. 在财务办公中的应用

Excel 在财务办公中的应用主要表现在制作财务会计报表，常见的报表包括资产负债表、现金流量表、利润表等，使用 Excel 强大的计算功能可以快速处理报表中的数据，下图所示为小企业会计准则现金流量表。

2. 在预算办公中的应用

预算部门中的办公人员可以在 Excel 中创建任何类型的预算表，如市场预算计划、活动预算或退休预算等，下图为某个公司促销活动费用预算表。

3. 在销售办公中的应用

Excel 可以用于统计销售人员的销售数据，如销售统计表、产品销售清单等。下图为汽车销售公司的季度销售报表。

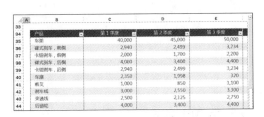

4. 在人事办公中的应用

为了更好地展示公司的人事结构，人事办公人员需要制作人力资源组织结构图，使用 Excel 强大的组织结构图功能可以快速制作出组织结构图，下图为某个学校的人事组织结构图。

5. 在工作计划中的应用

Excel 是用于创建专业计划或有用计划程序（例如，每周课程计划、市场研究计划、年底税收计划，或者有助于安排每周膳食、聚会或假期的计划工具）的理想工具。下图是一个一周课程（计划）表。

0.2 不同行业对 Excel 的技能要求

不同的行业，对 Excel 技能的要求是不同的，常见的行业要求如下。

1. 人力资源管理行业

该行业的主要工作是招聘录用企业新员工，员工培训、员工的薪酬福利、人事信息统计、员工设备业务、员工考评管理、企业员工调动管理、企业员工奖惩管理、企业人事查询等。该行业要求读者要掌握以下技能。

首先会设计准化规范化的 Excel 基础表格，这是高效数据分析的第一步，因为数据分析的源头就是基础表格数据。设计基础表格的总体原则是：结构的科学性、数据的易读性、汇总的便宜性、分析的灵活性和外观的美观性。

其次可以快速处理相关人事数据分析和汇总、让公司人力资源现状一目了然，可以处理上百人甚至上千人的工资进行汇总，制作五险一金汇总表，制作个税代扣代缴表，对刷卡考勤数据进行快速统计。

最后可以处理重复数据、高效核对数据、高效规范输入数据、公式和函数的熟练应用、会用图表分析员工的信息。

2. 市场营销行业

该行业要求读者要熟练应用数据的输入与编辑技能、公式、函数与名称应用技能、数据组织与内容整理技能、设置数据显示格式的技能、制作数据图表的技能。

根据销售管理与市场营销的工作需要，要求会制作销售表单、销售数据汇总、销售报表分析、销售业绩提成、代理商管理表、应收账款管理表、市场预测表及营销决策分析表等领域的 Excel 应用。

3. 财务管理行业

该行业要求读者能够熟悉 Excel 的工作界面，会进行 Excel 工作簿、工作表及单元格的基本操作，会在 Excel 进行绘制图形、建立图表，了解 Excel 中公式的运算符并会编辑数组公式，熟悉 Excel 中一些常用的财务函数，会进行 Excel 数据清单的创建、排序、筛选及汇总操作，会进行 Excel 数据透视图的操作，会利用 Excel 进行财务报表分析，会利用 Excel 进行债券、股票的估价计算，会利用 Excel 进行项目投资决策，会利用 Excel 进行资本结构决策，会利用 Excel 进行营运资本决策等技能。

目前，Excel 软件的版本有多种，常用的有 Excel 2003、Excel 2007、Excel 2010、Excel 2013 和 Excel 2016。不同的版本，默认的文件后缀名是有区别的，见下表。

软件版本	后缀名
Excel 2003	.xls
Excel 2007	.xlsx
Excel 2010	.xlsx
Excel 2013	.xlsx
Excel 2016	.xlsx

默认情况下，Excel 2003 只能打开后缀名为".xls"的工作簿，Excel 2007、Excel 2010、Excel 2013 和 Excel 2016 可以打开后缀名为".xls"和".xlsx"的工作簿。如果用户想让各个版本的软件都能打开该工作簿，那么必须将该工作簿保存为".xls"格式。

0.3 必须避免的 Excel 办公学习误区

在学习 Excel 2016 的过程中，初学者容易走很多弯路，常见的误区如下。

误区 1：盲目地购买学习资料，而不注重操作和消化。Excel 主要应用于办公实战中，所以读者还是需要多做案例，并且理解案例中为什么这样做，有没有更有效率的方法和技巧。

误区 2：盲目地学习，脱离实际工作的需求。Excel 软件的功能和技巧非常多，如果每个都去学习，会耗费大量的精力和时间，所以建议读者以实际工作为需求，目的要明确，实践性要强。

误区 3：为了学习而学习，舍近求远。有的读者会深入研究 VBA 代码，其实有些功能是 Excel 已经内置好的，或者说，内置功能虽然不能直接实现，但是借助一些简单的辅助工具，再结合内置功能就能够轻易实现，根本没有必要花费大量的时间去研究 VBA 代码。Excel 只不过是个工具，一个能够帮助读者解决问题的工具，学习 Excel 的最终目的，是为了更好地解决问题，而不是为了学习而学习。

误区 4：解决问题总是喜欢一步到位，不会多角度思考。很多情况下，Excel 高级功能的实现，是几个基本功能的巧妙组合。有的初学者总是在寻找新的功能，忽略了对已经掌握的功能进一步理解和应用，也许只是多加一个辅助列就能解决的问题，却花费许多精力学习新功能才得以解决。因此，建议读者在遇到问题时要多角度思考，对不能直接实现的功能，可以用几个基本功能组合一下，分成几步解决问题。

0.4 如何成为 Excel 办公高手

要想快速成为 Excel 办公高手，需要读者有好的学习方法和技巧。下面将讲述最实用的 Excel 自学的 3 个步骤。

1. 快人一步，不得不记的快捷键

要想提高工作效率，使用快捷键是一个非常有效的方法，Excel 常用的快捷键见下表。

快捷键	含义	快捷键	含义
F1	帮助	Ctrl+1	打开单元格格式的窗口
Ctrl+Z	撤销上一步的操作	F12	另存为
F2	编辑当前单元格	Ctrl+Home	将光标移置
Ctrl+F4	关闭当前工作簿	Ctrl+A	全选
Ctrl+F6	在多个工作簿中切换	Ctrl+F	查找
F4	在当前单元格上添加一个空白的单元格	Ctrl+End	将光标移置工作簿的最后一行最后一列的单元格
F11	插入一个图表页	Ctrl+B	加粗当前选择单元格或内容
Ctrl+PageUp	切换至前一个工作表	Ctrl+C	复制
Ctrl+PageDown	切换至后一个工作表	Ctrl+Tab	在多个工作簿中切换
Ctrl+G	定位	Ctrl+H	替换
Ctrl+U	为当前选择单元格加下划线	Shift+ 空格	在没有非输入法状态下选择整行
Ctrl+K	插入超链接	Ctrl+N	新建一个空白的工作簿
Shift+ 箭头	选择光标经过的单元格	Ctrl+O	打开一个存在的工作簿
Shift+F2	插入注释	Ctrl+P	打印
Shift+F3	粘贴函数	Ctrl+S	保存
Shift+F9	最小化工作表	Ctrl+I	将当前选择单元格或内容设为斜体

续表

快捷键	含义	快捷键	含义
Shift+F10	最大化工作表	Ctrl+V	粘贴
Shift+F11	添加一个工作表	Ctrl+W	关闭当前工作簿
Alt+F4	关闭	Ctrl+X	剪切
Alt+ 下箭头	列出列中其他单元格的内容	Ctrl+Y	如果撤销错误，恢复上一步的操作

2. Excel 三大元素：工作簿、工作表和单元格

Excel 三大元素是指工作簿、工作表和单元格。工作簿是指用来存储并处理工作数据的文件，其扩展名是 .xlsx。一个工作簿就类似一本书，其中包含许多工作表，工作表中可以存储不同类型的数据。通常所说的 Excel 文件指的就是工作簿文件。如下图所示，"假期规划器1"即为工作簿文件。

工作表是工作簿的组成部分。默认情况下，新创建的工作簿只包含 1 个工作表，名称为"Sheet1"，使用工作表可以组织和分析数据，用户可以对工作表进行"重命名""插入""删除""显示""隐藏"等操作。图中的"度假项目核对清单"为工作表的名称。

3	类别	物品
4	文档	机票/确认号码
5	文档	护照/Visa/出生证明
6	文档	驾驶证/国际驾照
7	文档	出生证明/结婚证
8	文档	现金/信用卡/借记卡/旅行支票
9	文档	酒店/住宿预订
10	文档	汽车租赁预订
11	文档	外币/硬币（供收费用）
12	文档	特殊活动预订
13	文档	名片

度假项目核对清单

工作表中行、列交汇处的区域称为单元格，用于存放文字、数字、公式和声音等信息。单元格是存储数据的基本单位。

默认情况下，Excel 用列序号字母和行序号数字来表示一个单元格的位置，称为单元格地址。

在工作表中，每个单元格都有其固定的地址，一个地址也只表示一个单元格。如 B3 就表示位于 B 列与第 3 行交汇处的单元格。见下表。

◢	A	B	C	D
1				
2				
3				
4				
5				
6				
7				

3. 如何阅读本书

本书从 Excel 2016 的基本操作讲起，进一步学习数据的计算方法、复杂数据的处理技巧、各种数据的分析方法及 Excel 在各个行业中的应用，最后讲述高手技巧。

如果读者没有任何 Excel 基础，那么就需要认认真真从头开始学习，切忌浮躁，把书中的例子做完，然后对照光盘的结果文件，对比是否一样，从而发现问题，提升技能，循序渐进地学习 Excel 的办公技能。

如果读者了解 Excel 2016 的基本操作，那么可以直接把每章中的"举一反三"操作一遍，重点操作 Excel 在各个行业中的应用技能，提升行业应用经验。最后要熟练掌握宏，VBA 和各个组件的协作，以提高工作效率为目标，成为 Excel 办公的高手。

第**1**篇

快速入门篇

第 1 章　快速上手——Excel 2016 的安装与配置

第 2 章　Excel 2016 的基本操作

第 3 章　工作表的编辑与数据输入技巧

第 4 章　工作表美化设计及数据的查看

本篇主要介绍了 Excel 中的各种操作，通过对本篇的学习，读者可以了解 Excel 2016 的安装与配置、Excel 2016 的基本操作、工作表的编辑与数据输入技巧及工作表美化设计和数据的查看等操作。

第1章

快速上手——Excel 2016 的安装与配置

📖 本章导读

Excel 2016 是微软公司推出的 Office 2016 办公系列软件的一个重要组成部分，主要用于电子表格处理，可以高效地完成各种表格和图的设计，进行复杂的数据计算和分析。本章将为读者介绍 Excel 2016 的安装与卸载、启动与退出以及认识 Excel 2016 的工作界面等。

📲 思维导图

1.1 Excel 2016 的安装与卸载

在使用 Excel 2016 前,首先需要在计算机上安装该软件。同样地,如果不需要再使用 Excel 2016,可以从计算机中卸载该软件。下面介绍 Excel 2016 的安装与卸载的方法。

1.1.1 安装

Excel 2016 是 Office 2016 的组件之一。若要安装 Excel 2016,首先要启动 Office 2016 的安装程序,然后按照安装向导的提示一步一步地操作,即可完成 Excel 2016 的安装。具体的操作步骤如下。

第1步 将 Office 2016 的安装光盘插入电脑的 DVD 光驱中,双击其中的可执行文件,即可打开安装窗口。Office 2016 自动默认安装,显示安装的内容为 Office 2016 的各组件,并显示安装的进度。

第2步 安装完成后,显示一切就绪,单击【开始】按钮中的所有程序,即可启动该办公软件。

1.1.2 卸载

由于 Excel 2016 是 Office 2016 的组件之一,当不需要使用 Excel 2016 时,可以直接卸载 Office 2016 应用程序。具体的操作步骤如下。

第1步 在 Windows 10 操作系统中右击任务栏中的【开始】按钮,在弹出的菜单中选择【控件面板】菜单命令。

提示

在 Windows 8 操作系统中可以在任务栏左下角单击鼠标右键,在弹出的快捷菜单中选择【控制面板】选项。在 Windows 7 操作系统中可以单击【开始】按钮,在【开始】界面选择【控制面板】选项,打开【控制面板】窗口。

第2步 打开【控制面板】窗口,然后单击【程序】下的【卸载程序】选项。

第3步 打开【卸载和更改程序】窗口，在列表中选中【Microsoft Office 专业增强版 2016】选项，单击上方的【卸载】按钮。

> **提示**
>
> 选中该选项后，右击鼠标，在弹出的快捷菜单中选择【删除】菜单命令，可实现同样的功能。

第4步 系统开始自动卸载，并显示卸载的进度。

第5步 卸载完成后，弹出【卸载完成】对话框，建议读者此时重启计算机，从而整理一些剩余文件。

1.2 Excel 2016 的启动与退出

在系统中安装好 Excel 2016 之后，要想使用该软件编辑与管理表格数据，还需要启动 Excel，下面介绍 Excel 2016 的启动与退出。

1.2.1 启动

用户可以通过 3 种方法启动 Excel 2016，分别如下。

方法 1：通过【开始】菜单启动

单击桌面任务栏中的【开始】按钮，在弹出的菜单中依次选择【所有应用】→【E】→【Excel 2016】菜单命令，即可启动 Excel 2016。

方法 2：通过桌面快捷方式图标启动

双击桌面上的 Excel 2016 快捷方式图标，即可启动 Excel 2016。

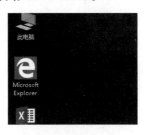

方法 3：通过打开已存在的 Excel 文档启动

在计算机中找到一个已存在的 Excel 文档（扩展名为".xlsx"），双击该文档图标，即可启动 Excel 2016。

> | 提示 |
>
> 通过前两种方法启动 Excel 2016 时，Excel 2016 会自动创建一个空白工作簿。通过第三种方法启动 Excel 2016 时，Excel 2016 会打开已经创建好的工作簿。

1.2.2 退出

与退出其他应用程序类似，通常有 5 种方法可退出 Excel 2016，分别如下。

方法 1：通过文件操作界面退出

在 Excel 工作窗口中，选择【文件】选项卡，进入文件操作界面，单击左侧的【关闭】菜单命令，即可退出 Excel 2016。

方法 2：通过【关闭】按钮退出

该方法最为简单直接，在 Excel 工作窗口中，单击右上角的【关闭】按钮 ✖，即可退出 Excel 2016。

方法 3：通过控制菜单图标退出

在 Excel 工作窗口中，在标题栏上右击鼠标，在弹出的菜单中选择【关闭】菜单命令，即可退出 Excel 2016。

方法 4：通过任务栏退出

在桌面任务栏中，选中 Excel 2016 图标，右击鼠标，选择【关闭窗口】菜单命令，即可退出 Excel 2016。

方法 5：通过组合键退出

单击选中 Excel 窗口，按下【Alt+F4】组合键，即可退出 Excel 2016。

1.2.3 其他特殊的启动方式

如果用户使用的 Excel 2016 程序存在某种问题，无法正常启动，可以通过安全模式强制启动 Excel 2016。

具体操作步骤如下。

第1步 按住【Ctrl】键，然后双击桌面上 Excel 2016 的快捷方式，在弹出的提示对话框中选择【是】命令。

第2步 启动 Excle 2016，进入安全模式。

Excel 在启动时会同时打开相应的加载项文件。如果 Excel 启动时加载项过多，就会大大影响 Excel 的启动速度。通过禁止不需要的加载项，可以快速启动 Excel 2016，具体操作步骤如下。

第1步 单击【文件】选项卡，在弹出的菜单中选择【选项】命令。

第2步 弹出【Excle 选项】对话框后，在左侧列表中选择【加载项】选项，然后在右侧的窗口单击【转到】按钮。

第3步 打开【加载项】对话框，选中不需要加载的宏，单击【确定】按钮。

1.3 随时随地办公的秘诀——Microsoft 账户

Office 2016 具有账户登录功能，在使用该功能前，用户需要一个 Microsoft 账户，然后登录账号，实现随时随地处理工作，还可以联机保存 Office 文件。

注册 Microsoft 账户的具体操作步骤如下。

第1步 打开 IE 浏览器，输入网址 http://login.live.com/，单击【立即注册】按钮。

第2步 打开【创建账户】页面，输入相关信息。

第3步 信息输入完成后，输入验证字符，单击【创建账户】按钮，即可完成账户的创建。

创建账户成功后，即可使用账户登录 Excel 2016，配置账户。具体操作步骤如下。

第1步 打开 Excel 2016 软件，单击软件界面右上角的【登录】链接。

第2步 弹出【登录】界面，在文本框中输入电子邮件地址，单击【下一步】按钮。

第3步 在打开的界面输入账户密码，单击【登录】按钮。

第4步 登录后即可在界面右上角显示用户名称。单击【账户设置】按钮。

第5步 在【账户】区域单击【更改照片】按钮。

第6步 打开【个人资料】页面,单击【更改图片】按钮。

第7步 在图片页面,单击【浏览】按钮,选择要设置的图片,图片加载完成后,可以拖动选择框选择图片的大小,单击【保存】按钮。

第8步 完成图片的保存,返回 Excel 2016 界面,即可看到设置好的照片。

第9步 账户登录以后,用户即可实现移动办公。单击【文件】选项卡,在弹出的菜单中选择【另存为】命令,在右侧窗口中选择【OneDrive - 个人】选项。

第10步 打开【Windows 安全】对话框,输入 Microsoft 账户和密码,单击【确定】按钮。

第11步 打开【另存为】对话框,输入文件的名称后,单击【保存】按钮。

第12步 当用户需要打开保存在服务器上的工作簿时,首先登录账户,然后单击【文件】选项卡,在弹出的菜单中选择【打开】命令,在右侧的窗口中选择【OneDrive - 个人】选项,在最右侧窗格中即可看到保存在 OneDrive 上的工作簿,双击该工作簿,即可打开该工作簿,实现移动办公的目的。

1.4 熟悉 Excel 2016 的工作界面

每个 Windows 应用程序都有其独立的窗口，Excel 2016 也不例外。启动 Excel 2016 后将打开 Excel 的工作界面，Excel 2016 的工作界面主要由工作区、文件菜单、标题栏、功能区、编辑栏、快速访问工具栏和状态栏 7 部分组成。

1.4.1 认识 Excel 的工作界面

在了解了 Excel 工作界面的基本结构后，下面详细介绍各个组成部分的用途和功能。

1. 工作区

工作区是在 Excel 2016 操作界面中用于输入数据的区域，由单元格组成，用于输入和编辑不同类型的数据。

2. 文件菜单

选择【文件】选项卡，会显示一些基本命令，包括【信息】、【新建】、【打开】、【保存】、【打印】、【选项】以及其他一些命令。

3. 标题栏

默认状态下，标题栏左侧显示【快速访问工具栏】，标题栏中间显示当前编辑表格的文件名称，启动 Excel 时，默认的文件名为"工作簿 1"，如下图所示。

4. 功能区

Excel 2016 的功能区由各种选项卡和包含在选项卡中的各种命令按钮组成，利用它可以轻松地查找以前隐藏在复杂菜单和工具栏中的命令和功能。

每个选项卡中包括多个选项组。例如，【公式】选项卡中包括【函数库】、【定义的名称】、【公式审核】和【计算】选项组，每个选项组中又包含若干个相关的命令按钮。

某些选项组的右下角有个 图标,单击此图标,可以打开相关的对话框。例如,单击【剪贴板】右下角的 按钮,如下图所示。

某些选项卡处于隐藏状态,只在需要时才显示出来。例如,选择图表时,选项卡中添加了【设计】和【格式】选项卡,这些选项卡为操作图表提供了更多适合的命令,当没有选定这些对象时,与之相关的这些选项卡则会隐藏起来。

> **|提示|**
>
> Excel 默认选择的选项卡为【开始】选项卡,使用时,可以通过单击来选择其他需要的选项卡。

5. 编辑栏

编辑栏位于功能区的下方,工作区的上方,用于显示和编辑当前活动单元格的名称、数据或公式。

名称框用于显示当前单元格的地址和名称。当选择单元格或区域时,名称框中将出现相应的地址名称。使用名称框可以快速转到目标单元格中,如在名称框中输入"B8",按【Enter】键即可将活动单元格定位为第 B列第 8 行。

公式框主要用于向活动单元格中输入、修改数据或公式,当向单元格中输入数据或公式时,在名称框和公式框之间会出现两个按钮,单击【确定】按钮 ✔,可以确定输入或修改该单元格的内容,同时退出编辑状态;单击【取消】按钮 ✘,则可取消对该单元格的编辑。

6. 快速访问工具栏

快速访问工具栏位于标题栏的左侧,它包含一组独立于当前显示的功能区上选项卡的命令按钮,默认的快速访问工具栏中包含【保存】、【撤销】和【恢复】等命令按钮。

单击快速访问工具栏右边的下拉箭头,在弹出的菜单中,可以自定义快速访问工具栏中的命令按钮。

7. 状态栏

状态栏用于显示当前数据的编辑状态、选定数据统计区、页面显示方式以及调整页面显示比例等。

在 Excel 2016 的状态栏中显示的 3 种状态如下。

（1）对单元格进行任何操作时，状态栏会显示"就绪"字样。

（2）向单元格中输入数据时，状态栏会显示"输入"字样。

（3）对单元格中的数据进行编辑时，状态栏会显示"编辑"字样。

1.4.2 自定义状态栏

在状态栏上右击，在弹出的快捷菜单中，可以通过选择或撤选相关菜单项，来实现在状态栏上显示或隐藏信息的目的。

如这里取消【显示比例】选项，可以看到 Excel 2016 工作界面右下角的显示比例数据消失。

1.5 提高你的办公效率——修改默认设置

在 Excel 2016 中，用户可以根据实际的工作的需求修改界面的设置，从而提高办公效率。

1.5.1 自定义功能区

通过自定义 Excel 2016 的操作界面，用户可以将最常用的功能放在最显眼的地方，以便更加快捷地使用 Excel 2016 的这些功能。其中功能区中的各个选项卡可以由用户自定义，包括功能区中选项卡、组、命令的添加、删除、重命名、次序调整等。

启动自定义功能区的具体步骤如下。

第1步 在功能区的空白处右击，在弹出的快捷菜单中选择【自定义功能区】菜单项。

第2步 打开【Excel 选项】窗口中的【自定义功能区】对话框，从中可以实现功能区的自定义，如下图所示。

1. 新建 / 删除选项卡

第1步 打开【自定义功能区】对话框，单击【自

定义功能区】对话框右侧列表下方的【新建选项卡】按钮，系统会自动创建 1 个选项卡和 1 个组。

第2步 单击【确定】按钮，功能区中即会出现新建的选项卡。

第3步 在右侧列表中选择新添加的选项卡，单击【删除】按钮，即可从功能区中删除此选项卡。

第4步 单击【确定】按钮，返回到 Excel 工作界面中，可以看到新添加的选项卡消失。

2. 新建 / 删除组

第1步 打开【自定义功能区】对话框，在【自定义功能区】对话框中右侧列表中选择任一选项卡，单击下方的【新建组】按钮，系统则会在此选项卡中创建组。

第2步 单击【确定】按钮，返回到工作界面中，可以看到新添加的组。

第3步 在右侧列表中选择添加的组，单击【删除】按钮，即可从选项卡中删除此组。

3. 添加 / 删除命令

具体操作步骤如下。

第1步 打开【自定义功能区】对话框，在【自定义功能区】对话框中，单击右侧列表中要添加命令的组，选择左侧列表中要添加的命令，然后单击【添加】按钮，即可将此命令添加到指定组中。

第2步 单击【确定】按钮，即可在功能区中添加这些命令。

第3步 在右侧列表中选择要删除的命令，单击【删除】按钮，即可从组中删除此命令。

4. 重命名选项卡、组、命令

第1步 打开【自定义功能区】对话框，在【自定义功能区】对话框中右侧列表中选择任一命令，如这里选择【电子邮件】命令，单击下方的【重命名】按钮，在弹出的【重命名】对话框中输入名字。

第2步 单击【确定】按钮，返回【Excel 选项】对话框，再次单击【确定】按钮，返回到 Excel 工作界面当中，即可完成重命名的操作。

5. 调整选项卡、组、命令的次序

第1步 打开【自定义功能区】对话框，在【自

定义功能区】对话框右侧【主选项卡】中，选中需要调整次序的选项卡、组或命令，然后单击【上移】按钮、【下移】按钮，可以调整选项卡、组、命令的次序。

第2步 如果想要重置功能区，则可以在【Excel 选项】对话框中的【自定义功能区】设置界面中单击【重置】按钮，在弹出的菜单中选择【重置所有自定义项】命令。

第3步 弹出警告对话框，单击【是】按钮。

1.5.2 添加命令到快速访问工具栏

快速访问工具栏的功能就是让用户快速访问某项命令。默认的快速访问工具栏中仅列出了保存、撤销、恢复3种功能，用户可以自定义快速访问工具栏，将最常用的命令添加到上面。

1. 自定义显示位置

单击快速访问工具栏右侧的下拉箭头，在弹出的快捷菜单中选择【在功能区下方显示】选项。

快速访问工具栏即可显示在功能区的下方。

2. 添加功能

第1步 单击快速访问工具栏右侧的下拉箭头，在弹出的快捷菜单中选择相应的菜单项（如【打开】选项），即可将其添加到快速访问工具栏中。添加后，快速访问工具栏会出现 标记。

第2步 选择【其他命令】选项，打开【Excel 选项】对话框，可以单击【添加】按钮，将左侧列表中的命令添加到右侧列表中，即添

加到快速访问工具栏中。

3. 移除功能

第1步 单击快速访问工具栏右侧的下拉箭头，在弹出的快捷菜单中单击要移除的命令（前提是此命令已被添加到快速访问工具栏），即可将其从快速访问工具栏中移除，此时该命令前的 标记会消失。

第2步 在【Excel 选项】窗口的【快速访问工具栏】对话框中，选中要删除的选项，单击【删除】按钮，将右侧列表中的命令移动到左侧列表中，即可从快速访问工具栏中移除。

1.5.3 自定义功能快捷键

用户可以将常用的功能设置为快捷键，这样可以提高工作的效率。具体操作步骤如下。

第1步 在 Excle 2016 主界面中，按【Alt】键，窗口中立刻显示不同的功能所对应的快捷键，例如，快速访问工具栏中的快捷键分别为【Alt+1】【Alt+2】【Alt+3】……

第2步 用户也可以将常用的功能区命令添加到快速访问工具栏，这样对应的快捷方式也发生了变化。单击快速访问工具栏的下拉箭头，在弹出的下拉菜单中选择【其他命令】选项。

第3步 弹出【Excel 选项】对话框，将需要的命令添加到右侧窗口中，如这里选择【插入表格】，单击【添加】按钮，然后单击【确定】按钮。

第4步 此时在快速访问工具栏中出现了【插入表格】的图标，按【Alt】键，即可看到【插入表格】的快捷键为【Alt+5】。

1.5.4 禁用屏幕提示功能

屏幕提示是指将鼠标指针移动到命令或选项上显示描述性文字的窗口，一般情况下会在其中显示当前选项或命令的功能说明，如下图所示为"表格"按钮的屏幕提示。

如果用户不需要屏幕提示，可以将该功能禁止。在【Excel 选项】对话框中，在左侧列表中选择【常规】选项，在右侧窗口中单击【屏幕提示样式】右侧的下拉按钮，在弹出的下拉菜单中选择【不显示屏幕提示】命令，然后单击【确定】按钮即可。

1.5.5 禁用粘贴选项按钮

为了提高工作簿的安全，用户可以禁用粘贴选项按钮。如右图所示，在【Excel 选项】对话框中，在左侧列表中选择【高级】选项，在右侧窗口中取消【粘贴内容时显示粘贴选项按钮（S）】，单击【确定】按钮即可。

1.5.6 更改文件的作者信息

默认情况下，系统的管理员为该工作簿的作者，如新建一个工作簿，单击【文件】按钮，在左侧列表中选择【信息】选项，即可在右侧窗口中看到该工作簿的作者名称。

用户可以修改该工作簿作者的信息，具体操作步骤如下。

第1步 右击该工作簿文件，在弹出的快捷菜单中选择【属性】菜单命令，打开【工作簿1.xlsx 属性】对话框，选择【详细信息】选项卡，单击【删除属性和个人信息】链接。

第2步 打开【删除属性】对话框，选择【从

此文件中删除以下属性】单选按钮，然后选择【作者】和【最后一次保存者】复选框，单击【确定】按钮。

第3步 返回到【工作簿1.xlsx 属性】对话框，即可看到作者信息被删除，单击【确定】按钮完成操作。

第4步 打开"工作簿1.xlsx"文件，单击【开始】按钮，在左侧的菜单中选择【信息】选项，在【相关人员】下方添加作者的名称即可。

◇ 安装 Office 2016 时需要注意的问题

在安装和卸载 Office 2016 及其组件时，需要注意以下几点。

（1）Office 2016 支持 Windows 7、Windows 8、Windows Server 2008 R2 或 Windows Server 2012 操作系统，不支持 Windows XP 和 Vista 操作系统。

（2）在安装 Office 2016 的过程中，不能同时安装其他软件。

（3）安装过程中，选择安装常用的组件即可，否则将占用大量的磁盘空间。

（4）安装 Office 2016 后，需要激活才能使用。

（5）卸载 Office 2016 时，要卸载彻底，否则会占用大量的空间。

◇ 在任务栏中启动 Excel 2016

如果经常使用 Excel 2016，用户除了可以以快捷方式放在桌面上，也可以将其锁定在任务栏中，从而快速启动 Excel 2016。

具体操作步骤如下。

第1步 单击【开始】按钮，在弹出的开始菜单中找到【Excel 2016】选项，右击【Excel

2016】，在弹出的快捷菜单中，选择【锁定到任务栏】菜单命令。

第2步 即可看到 Excel 2016 被锁定在任务栏上，单击程序图标，即可启动程序。

第 2 章
Excel 2016 的基本操作

📄 本章导读

本章节主要学习 Excel 工作簿和工作表的基本操作。对于初学 Excel 的人员来说，可能会将工作簿和工作表搞混淆，而这两者的操作又是学习 Excel 时首先应该了解的。

◢ 思维导图

2.1 创建工作簿

工作簿是指在 Excel 中用来存储并处理工作数据的文件，在 Excel 2016 中，其扩展名是 ".xlsx"。通常所说的 Excel 文件指的就是工作簿文件。新建工作簿的方法有以下几种。

2.1.1 创建空白工作簿

创建空白工作簿的具体操作步骤如下。

第 1 步 启动 Excel 2016 后，在打开的界面单击右侧的【空白工作簿】选项。

第 2 步 系统会自动创建一个名称为"工作簿 1"的工作簿。

| 提示 |

在上面的窗口中按【Ctrl+N】组合键，即可快速创建一个名称为"工作簿 2"的空白工作簿。

2.1.2 使用联机模板创建工作簿

Excel 2016 提供了很多在线模板，通过这些模板，读者可以快速创建有内容的工作簿。例如，对于希望能自己制作一个个人月度预算工作簿的用户来说，通过 Excel 联机模板就可以轻松实现，具体的操作步骤如下。

第 1 步 单击【文件】按钮，在弹出的下拉列表中选择【新建】选项，然后选择【新建】区域的【个人月度预算】样式。

| 提示 |

读者也可以在【搜索联机模板】文本框中输入需要的模板类别，单击【搜索】按钮 🔍 可快速搜索模板。

第 2 步 系统会自动打开该模板，此时用户只需在表格中输入相应的数据即可。

2.2 保存工作簿

保存工作簿的方法有多种，常见的有初次保存工作簿、保存已经存在的工作簿、另存为工作簿及自动保存工作簿等。本节就来介绍保存工作簿的方法。

2.2.1 保存新建工作簿

工作簿创建完毕之后，就要将其进行保存以备今后查看和使用。在初次保存工作簿时需要指定工作簿的保存路径和保存名称。

具体的操作步骤如下。

第 1 步 在新创建的 Excel 工作界面中，单击【文件】按钮，在弹出的类别中选择【保存】菜单命令，或按下【Ctrl+S】组合键，也可以单击【快速访问工具栏】的【保存】按钮。

第 2 步 右侧窗口弹出另存为显示信息，单击【浏览】按钮。

第 3 步 打开【另存为】对话框。在【保存位置】下拉列表中选择工作簿的保存位置，在【文件名】文本框中输入工作簿的名称，在【保存类型】下拉列表中选择文件要保存的类型。设置完毕后，单击【保存】按钮即可。

2.2.2 保存已有工作簿

对于已有的工作簿，当打开并修改完毕，只需单击【常用】工具栏上的【保存】按钮，就可以保存已经修改的内容。

2.2.3 另存工作簿

如果想将修改后的工作簿另外保存一份，而保持原工作簿的内容不变，可以对工作簿做"另存为"操作，具体操作步骤如下。

第 1 步 单击【文件】选项卡，在弹出的【文件】列表中选择【另存为】选项，在【另存为】区域单击【浏览】按钮。

第 2 步 在弹出的【另存为】对话框中设置工作簿另存后的名称、存储路径及类型等，然后单击【保存】按钮即可。

| 提示 |

如果是已有的工作簿，按【Ctrl+S】组合键，可快速将现有其保存在当前位置。如果是新建工作簿，可快速切至【另存为】页面。

2.2.4 自动保存

为了防止由于停电或死机等意外情况造成工作簿中的数据丢失，用户可以设置工作簿的自动保存功能。具体操作步骤如下。

第 1 步 单击【文件】按钮，在弹出的菜单中选择【选项】命令。

选项，并选择【保存自动恢复信息时间间隔】复选项，然后设定自动保存的时间和保存位置。单击【确定】按钮即可。

第 2 步 打开【Excel 选项】对话框，选择【保存】

2.3 工作簿的基本操作

Excel 2016 对工作簿的操作主要有新建、保存、打开、切换及关闭等。

2.3.1 打开和关闭工作簿

当需要使用 Excel 文件时，用户需要打开工作簿。而当用户不需要时，则需要关闭工作簿。

1. 打开工作簿

打开工作簿的具体步骤如下。

第 1 步 在文件上双击，即可使用 Excel 2016 打开此文件。

第 2 步 或选择【文件】→【打开】菜单命令。

第 3 步 打开【打开】对话框，在【查找范围】下拉列表中选择文件所在的位置，在其下方的列表框中列出了该驱动器中所有的文件和子文件夹。双击文件所在的文件夹，找到并选中打开的文件，然后单击【打开】按钮即可。

| 提示 |

也可以使用快捷键【Ctrl + O】打开【打开】对话框，在其中选择要打开文件，进而打开需要编辑的工作簿。

2. 关闭工作簿

可以使用以下两种方式关闭工作簿。

方法 1：单击窗口右上角的【关闭】按钮。

方法 2：选择【文件】→【关闭】命令。

| 提示 |

在关闭 Excel 2016 文件之前，如果所编辑的表格没有保存，系统会弹出保存提示对话框。

单击【保存】按钮，将保存对表格所做的修改，并关闭 Excel 2016 文件；单击【不保存】按钮，则不保存表格的修改，并关闭 Excel 2016 文件；单击【取消】按钮，不关闭 Excel 2016 文件，返回 Excel 2016 界面继续编辑表格。

2.3.2 工作簿的复制和移动

复制是指工作簿在原来的位置上保留，而在指定的位置上建立源文件的复制；移动是指将工作簿从原来的位置移到指定的位置上。

1. 工作簿的复制

第1步 单击选择要复制的工作簿文件；如果要复制多个，则可在按住【Ctrl】键的同时单击要复制的工作簿文件，也可以按住鼠标左键不放，进行拖曳操作，从而选择连续的多个工作簿。

第2步 按【Ctrl+C】组合键，复制选择的工作簿文件，将选择的工作簿复制到剪贴板中。打开要复制到的目标文件夹，按【Ctrl+V】组合键粘贴文档，将剪贴板中的工作簿复制到当前的文件夹中。

提示

用户也可以选择要复制的工作簿，直接拖曳到目标文件夹中，即可实现复制。

2. 工作簿的移动

第1步 单击选择要移动的工作簿文件，如果要移动多个，则可在按住【Ctrl】键的同时单击要移动的工作簿文件。按下【Ctrl+X】组合键剪切选择的工作簿文件，将选择的工作簿移动到剪贴板中。

第2步 打开要移动到的目标文件夹，按【Ctrl+V】组合键粘贴文档，将剪贴板中的工作簿移动到当前的文件夹中。

2.3.3 工作簿版本和格式的转换

使用 Excel 2016 创建的工作簿格式为".xlsx"，只有 Excel 2007 及以上的版本才能打开，如果想让 Excel 2003 打开该工作簿，就需要将工作簿的格式转换为".xls"。具体操作步骤如下。

第1步 选择需要进行格式转换的文件，单击【文件】按钮，从弹出的下拉列表中选择【另存为】选项，单击【另存为】区域右下角的【浏览】按钮。

第2步 打开【另存为】对话框，在【保存类型】下拉列表中选择【Excel 97-2003 工作簿（*.xls）】选项。

2.3.4 保护工作簿

对于特殊的工作簿，读者有时候需要进行保护操作，具体操作步骤如下。

第1步 单击【文件】按钮，在打开的列表中选择【信息】选项，在【信息】区域单击【保护工作簿】按钮，在弹出的下拉菜单中选择【用密码进行加密】选项。

第2步 打开【加密文档】对话框，在【密码】文本框中输入密码，单击【确定】按钮。

第3步 设置完毕后，单击【保存】按钮，即可将该文件保存为 Excel 2003 格式文件，可以看到"工作簿 1"的扩展名为".xls"。

除了保存为 Excel 2003 格式，也可以在保存类型中选择其他格式，如 HTML、JPG、PDF 等常用格式文件。

第3步 打开【确认密码】对话框，再次输入上面的密码，单击【确定】按钮。

第4步 当下次再次打开该工作簿时，会弹出【密码】对话框，输入设置的密码，单击【确定】按钮即可取消保护。

第5步 另外，读者还可以在打开的工作簿中，单击【审阅】按钮，在【更改】选项组中单击【保护工作簿】按钮。

第6步 打开【保护结构和窗口】对话框，默

认情况下，【结构】和【窗口】复选框是被选中状态的，读者可以根据实际的工作需要进行选择。如果不需要保护结构，可以取消对应的复选框，然后输入保护工作簿的密码，单击【确定】按钮。

第7步 弹出【确认密码】对话框，再次输入上面的密码，单击【确定】按钮完成操作。

2.3.5 共享工作簿

在 Excel 2016 中，读者可以将工作簿进行共享操作，这样其他人就可以通过网络查看共享的工作簿。具体操作步骤如下。

第1步 在打开的工作簿中，单击【审阅】按钮，在【更改】组中单击【共享工作簿】按钮。

第2步 打开【共享工作簿】对话框，单击【编辑】按钮，如果允许其他用户修改和合并工作簿，可以选择【允许多用户同时编辑，同时允许工作簿合并】复选框。

第3步 单击【高级】按钮，用户可以设置修订、更新、用户间的修订冲突等选项，这样可以进一步细化其他用户的操作权限。

第 4 步　单击【确定】按钮，打开【另存为】对话框，选择在局域网中的位置，输入文件名后，单击【保存】按钮。

第 5 步　此时工作簿即处于在局域网中共享的状态，在工作簿上方显示"共享"字样。

2.4　工作表的基本操作

工作表是工作簿的组成部分，默认情况下，每个工作簿都包含 1 个工作表，名称为"Sheet1"。使用工作表可以组织和分析数据，用户可以对工作表进行"插入""删除""重命名""显示""隐藏"等操作。

2.4.1　插入工作表

插入工作表也被称为添加工作簿，在工作簿中插入一个新工作表的具体步骤如下。

第 1 步　打开需要插入工作表的文件，在文档窗口中右击工作表 Sheet1 的标签，然后在弹出的菜单中选择【插入】菜单命令。

第 2 步　打开【插入】对话框，选择【常用】选项卡，选择【工作表】选项，单击【确定】按钮，即可插入一个名称为 Sheet2 的工作表。

另外，用户也可以单击工作表 Sheet1 右侧的【新工作表】按钮插入新的工作表 Sheet3。

提示

实际操作中，插入的工作表数要受所使用的计算机内存的限制。

2.4.2 删除工作表

为了便于管理 Excel 表格，应当将无用的 Excel 表格删除，以节省存储空间。删除 Excel 表格的方法有以下两种。

（1）选择要删除的工作表，然后在【开始】选项卡的【单元格】选项组中单击【删除】按钮，在弹出的菜单中选择【删除工作表】命令，即可将选择的工作表删除。

（2）在要删除的工作表的标签上右击鼠标，在弹出的快捷菜单中选择【删除】菜单命令，也可以将工作表删除，该删除操作不能撤销，即工作表被永久删除。

2.4.3 选择工作表

在对工作表进行操作之前，需要先选中它。本节将学习各种选择工作表的方法。

1. 用鼠标选定 Excel 表格

用鼠标选定 Excel 表格是最常用、最快速的方法，只需在 Excel 工作表标签上单击即可。例如，下图中单击选择 Sheet3 工作表。

2. 选定连续的 Excel 表格

第1步 在 Excel 表格下方的工作表考勤卡上单击，选定该工作表。

第2步 按住【Shift】键的同时选定第一个表格的标签，即可选定连续的 Excel 表格。

3. 选择不连续的工作表

若要选定不连续的 Excel 表格，按住【Ctrl】键的同时选择相应的Excel 表格即可。例如，下图中选择考勤卡和 Sheet2 工作表。

2.4.4 重命名工作表

每个工作表都有自己的名称，默认情况下以 Sheet1、Sheet2、Sheet3……命名工作表。这种命名方式不便于管理工作表，为此用户可以对工作表进行重命名操作，以便更好地管理工作表。

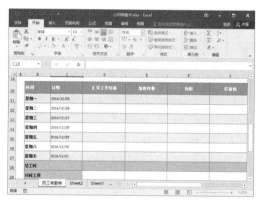

重命名工作表的方法有两种，分别是直接在标签上重命名和使用快捷菜单重命名。

1. 在标签上直接重命名

第1步 新建一个工作簿，双击要重命名的工作表的标签 Sheet1（此时该标签以灰度底纹显示），进入可编辑状态。

第2步 输入新的标签名，即可完成对该工作表标签进行的重命名操作。

2. 使用快捷菜单重命名

第1步　在要重命名的工作表标签上右击，在弹出的快捷菜单中选择【重命名】命令。

第2步　此时工作表标签以灰度底纹显示，然后输入新的标签名，即可完成工作表的重命名。

2.4.5 移动和复制工作表

在工作簿中可以对工作表进行复制和移动操作。

1. 移动工作表

移动工作表最简单的方法是使用鼠标操作，在同一个工作簿中移动工作表有两种方法。

（1）直接拖曳法。

第1步　选择要移动的工作表的标签，按住鼠标左键不放。

第2步　拖曳鼠标让指针到工作表的新位置，黑色倒三角▼会随鼠标指针移动而移动。释放鼠标左键，工作表即移动到新的位置。

（2）使用快捷菜单。

第1步　在要移动的工作表标签上右击鼠标，在弹出的快捷菜单中选择【移动或复制工作表】选项。

第2步　在弹出的【移动或复制工作表】对话框中选择要插入的位置。

第3步 单击【确定】按钮，即可将当前工作表移动到指定位置。

另外，工作表不但可以在同一个 Excel 工作簿中进行移动，还可以在不同的工作簿中进行移动。若要在不同的工作簿中移动工作表，则要求这些工作簿必须是打开的。其步骤如下。

第1步 在要移动的工作表标签上右击鼠标，在弹出的快捷菜单中选择【移动或复制】选项。

第2步 打开【移动或复制工作表】对话框，在【将选定工作表移至工作簿】下拉列表中

选择要移动到的目标位置，在【下列选定工作表之前】选项中选择要插入的位置。

第3步 单击【确定】按钮，即可将当前工作表移动到指定位置。

2. 复制工作表

用户可以在一个或多个 Excel 工作簿中复制工作表，有两种操作方法。

（1）使用鼠标复制。

用鼠标复制工作表的步骤与移动工作表的步骤相似，在拖动鼠标的同时按住【Ctrl】键即可。

第1步 选择要复制的工作表，按住【Ctrl】键的同时单击该工作表。

第2步 拖曳鼠标让指针移动到工作表的新位置，黑色倒三角▼会随鼠标指针移动而移动。释放鼠标左键，工作表即复制到新的位置。

（2）使用快捷菜单复制。

第1步 选择要复制的工作表。在工作表标签上右击鼠标，在弹出的快捷菜单中选择【移动或复制工作表】选项。

第2步 在弹出的【移动或复制工作表】对话框中选择要复制的目标工作簿和插入的位置，然后选择【建立副本】复选框。

第3步 单击【确定】按钮，即可完成复制工作表的操作。

2.4.6 显示和隐藏工作表

为了防止他人查看工作表中的数据，可以设置工作表的隐藏功能，将包含非常重要的数据的工作表隐藏起来，当想要再查看隐藏后的工作表，则可取消工作表的隐藏状态。

隐藏和显示工作表的具体操作步骤如下。

第1步 选择要隐藏的工作表，然后单击【开始】按钮，在【单元格】选项组中单击【格式】按钮，在弹出的菜单中选择【隐藏和取消隐藏】命令，在弹出的子菜单中选择【隐藏工作表】命令。

> **┃提示┃**
>
> Excel 不允许隐藏一个工作簿中的所有工作表。

第2步 选择的工作表即可隐藏。

第3步 单击【开始】按钮，在【单元格】选项组中单击【格式】按钮，在弹出的菜单中选择【隐藏和取消隐藏】菜单命令，在弹出的子菜单中选择【取消隐藏工作表】菜单命令。

第4步 在弹出的【取消隐藏】对话框中选择要显示的工作表。

第5步 单击【确定】按钮，即可取消工作表的隐藏状态。

2.4.7 设置工作表标签的颜色

Excel 系统提供了工作表标签的美化功能，用户可以根据需要对工作表标签的颜色进行设置，以便于区分不同的工作表。

设置工作表标签颜色的具体操作步骤如下。

第1步 选择要设置颜色的"Sheet1"标签。选择【格式】→【工作表】→【工作表标签颜色】选项，或右击"Sheet1"标签，在弹出的快捷菜单中选择【工作表标签颜色】选项，然后在弹出的子菜单中选择需要的颜色。

第2步 选择完成后，即可应用选中的颜色。

2.4.8 保护工作表

Excel 提供了保护工作表的功能，以防止其被更改、移动或删除某些重要的数据。具体的操作步骤如下。

第1步 选择要保护的工作表。单击【开始】按钮，在【单元格】选项组中单击【格式】按钮，在弹出的下拉菜单中选择【保护工作表】选项。

第2步 在弹出的【保护工作表】对话框中，用户可以选择需要保护的内容，然后输入取消工作表保护需要的密码，单击【确定】按钮。

第3步 单击【确定】按钮，在弹出的【确认密码】对话框中重新输入密码，单击【确定】按钮即可完成工作表的保护。

┃ 提示 ┃

也可以在【审阅】按钮的【更改】选项组中单击【保护工作表】按钮或右击要保护的工作表标签，在弹出的快捷菜单中选择【保护工作表】选项，也可以打开【保护工作表】对话框。

◇ 恢复未保存的工作簿

读者有时候会因为误操作而关闭 Excel 2016，此时工作簿还没有被保存，虽然文档有自动保存功能，但是只能恢复到最近一次自动保存的内容，那么如何来解决这个问题呢？下面将来学习如何恢复未保存的工作簿，具体操作步骤如下。

第1步 单击【文件】按钮，在弹出的菜单中选择【选项】命令。

第2步 弹出【Excel 选项】对话框，选择【保存】选项，并选择【如果我没有保存就关闭，请保留上次自动保留的版本】复选项，然后设定自动保存文件的位置。单击【确定】按钮即可。

第3步 单击【文件】按钮，在弹出的菜单中选择【打开】菜单命令。在【打开】区域单击【恢复未保存的工作簿】按钮。

第4步 打开【打开】对话框，选择需要恢复的工作簿，单击【打开】按钮，即可恢复未保存的工作簿。

◇ 删除最近使用过的工作簿记录

Excel 2016 可以记录最近使用过的 Excel 工作簿，用户也可以将这些记录信息删除。

第1步 在 Excel 2016 程序中，单击【文件】按钮，在弹出的列表中选择【打开】选项，选择【最近】选项，即可看到右侧列表中，显示了最近打开的工作簿信息。

第2步 右击要删除的记录信息，在弹出的菜单中，选择【从列表中删除】菜单命令，即可将该记录信息删除。

如果用户要删除全部的打开信息，可选择【消除已取消固定的工作簿】命令，即可快速删除。

◇ 修复损坏的 Excel 工作簿

对于已经损坏的工作簿，可以利用 Excel 2016 修改它，具体操作步骤如下。

第1步 启动 Excel 2016 程序，选择【文件】→【打开】菜单命令，单击【浏览】按钮，弹出【打开】对话框，选择要打开的工作簿文件。单击【打开】按钮右侧的下拉箭头，在弹出的下拉菜单中选择【打开并修复】选项。

第2步 弹出一个信息提示框，单击【修复】按钮，Excel 将修复工作簿并打开，如果修复不能完成，则单击【提取数据】按钮，只将工作簿中的数据提取出来。

◇ 工作表之间快速切换的技巧

当一个工作簿中有多个工作表时，可以利用鼠标右键在多个工作表之间快速切换，具体操作如下。

第1步 在打开的工作簿中右击工作表编辑区域左下角的 ◀ 或 ▶ 按钮，即可滚动工作表标签，方便用户选择工作表。

第2步 也可以在工作表标签右侧区域单击鼠标右键，在弹出的【激活】对话框中选择需要的工作表，单击【确定】按钮，即可完成工作表的切换。

第3章

工作表的编辑与数据输入技巧

本章导读

　　本章主要学习 Excel 工作表编辑数据的常用技巧和高级技巧。对于初学 Excel 的人来说，在单元格中编辑数据是第一步操作，因此针对这一问题，本章详细为读者介绍了如何在单元格中输入数据以及对单元格的基本操作。

思维导图

3.1 公司员工考勤表

员工考勤表是公司员工每天上班的凭证，也是员工领工资的凭证，因此公司都会制作员工考勤表来统计员工的出勤率。公司员工考勤表一般包括员工的基本信息、出勤记录及未出勤原因等内容。

实例名称：员工考勤表	
实例目的：统计员工的出勤率	
素材	素材 \ch03\ 公司员工考勤表.xlsx
结果	结果 \ch03\ 公司员工考勤表 .xlsx
录像	视频教学录像 \03 第 3 章

3.1.1 案例概述

制作员工考勤表时，需要注意以下几点。

1. 格式统一

注意标题及内容的字体区分，一般标题字体要大于表格内的字体，并且统一表格内字体样式（包括字体、字号、颜色等）。

2. 美化表格

在员工考勤表制作完成后，还需要进行美化操作，使其看起来更加美观。包括设置边框、调整行高列宽、设置标题、设置对齐方式等内容。

3.1.2 设计思路

制作员工考勤表时可以按以下的思路进行。

（1）输入表格内容，包含题目以及各个项目名称。

（2）设置边框、调整列宽。

（3）设置标题。包括合并单元格、设置字体、字形和字号。

（4）统一表格内容的对齐方式。

本案例主要涉及以下知识点。

（1）选择单元格区域。

（2）合并单元格。

（3）自动填充数据。

（4）调整列宽。

（5）设置边框。

（6）快速在多个单元格中输入相同内容。

3.2 输入数据技巧

向工作表中输入数据是创建工作表的第一步，工作表中可以输入的数据类型有多种，主要包括文本、数值、小数和分数等。由于数值类型不同，其采用的输入方法也不尽相同。

3.2.1 输入文本

单元格中的文本包括任何字母、数字和键盘符号的组合，每个单元格最多可包含32000个字符。输入文本信息的操作很简单，只需选中需要输入文本信息的单元格，然后输入即可。如果单元格的列宽容不下文本字符串，则可占用相邻的单元格或换行显示，此时单元格的列高均被加长。如果相邻的单元格中已有数据，就截断显示。

	A	B	C
1	公司员工考勤表		
2			
3	公司员工表已有数据		
4			
5			

如果在单元格中输入的是多行数据，在换行处按组合键【Alt + Enter】，即可实现换行。换行后在一个单元格中将显示多行文本，行的高度也会自动增大。

	A	B	C	D
1	员工姓名	性别	家庭住址	
2	张珊	女	大连市金石滩明珠小区	
3	杜志辉	男	高新园区	
4				
5				

3.2.2 输入以"0"开头员工编号

当在单元格中输入数字时，也会以文本格式显示。例如，在单元格中输入"0001"，默认情况下只会显示"1"，若设置了文本格式，则显示为"0001"。

第1步 启动 Excel 2016，新建一个空白文档，输入如下图所示的内容。

第2步 选中单元格区域 A2：A10，并右击，从弹出的下拉菜单中选择【设置单元格格式】

选项，在打开的对话框中，选择【数字】选项卡，然后在【分类】列表框中选择【文本】选项。

第3步 单击【确定】按钮,即可将选中的单元格区域设置为文本格式。这样,在其中再输入数字时,也会被认为是文本内容。

3.2.3 输入时间日期

日期和时间也是 Excel 工作表中常见的数据类型之一。在单元格中输入日期和时间型数据时,默认对齐方式为"右对齐"。若要在单元格中输入日期和时间,需要遵循特定的规则。

	A	B	C
1	2016/6/6		
2	2016/6/6		
3	2016/1/11		
4			
5			

1. 输入日期

在单元格中输入日期型数据时,请使用斜线"/"或者连字符"–"分隔日期的年、月、日。例如,可以输入"2016/6/6"或者"2015-6-6"来表示日期,然后按【Enter】键完成输入,此时单元格中显示的日期格式均为"2016/6/6",如果要获取系统当前的日期,按组合键【Ctrl+;】即可。

> **提示**
>
> 默认情况下,输入的日期都会以"2016/6/6"的格式来显示,用户还可设置单元格的格式来改变其显示的形式,具体操作步骤将在后面详细介绍。

2. 输入时间

在单元格中输入时间型数据时,请使用冒号":"分隔时间的小时、分、秒。若要按 12 小时制表示时间,在时间后面添加一个空格,然后需要输入 am(上午)或 pm(下午)。如果要获取系统当前的时间,按组合键【Ctrl + Shift+;】即可。

	A	B
1	12:00	
2	3:30 PM	
3	19:06	
4		
5		

3.2.4 快速填充数据

为了提高用户的输入速度,Excel 2016 为用户提供了多种快速填充表格数据的功能,经常用到的方法有使用"填充柄"和使用"填充"命令,下面分别为用户介绍这两种方法的使用技巧。

1. 使用填充柄

填充柄是位于当前活动单元格右下角的黑色方块，用鼠标拖动或者双击它可进行填充操作，该功能适用于填充相同数据或者序列数据信息。使用填充柄快速填充数据的具体操作如下。

第1步 启动 Excel 2016，新建一个空白文档，输入如下内容。

第2步 分别在单元格 A2 和 A3 中输入"1"和"2"，然后选中单元格区域 A2：A3，并将鼠标指针移动到单元格 A3 的右下角。

第3步 此时鼠标指针变成"╋"形状，按住鼠标左键不放向下拖动即可完成序号的快速填充。

第4步 选中单元格 D2，并输入"编辑部"，然后将鼠标指针移到其右下角，当指针变成"╋"形状时，按住鼠标左键不放向下拖动至单元格 D11，即可完成文本的快速填充。

第5步 分别在单元格 C2 和 C3 中输入"男""女"，然后选中单元格 C4，按下组合键【Alt+ ↓】，此时在单元格 C4 的下方会显示出已经输入数据的列表，选择相应的选项即可。

2. 使用填充命令

使用填充命令实现快速输入数据的具体操作如下。

第1步 启动 Excel 2016，新建一个空白文档，在单元格 A1 中输入"Excel 2016"。

第2步 选中需要快速填充的单元格区域 A1：A5。

第3步 单击【开始】按钮，在【编辑】选项组中单击【填充】按钮，从弹出的下拉菜单中选择【向下】选项。

第4步 即可在选中的单元格区域内快速填充数据，效果如下图所示。

提示

用户可根据填充数据的实际情况，还能进行向左、右、上 3 个方向上的填充。

3.3 编辑数据常用技巧

掌握编辑数据的常用技巧可快速对数据进行修改、复制、移动、查找、替换及清除数据等操作。

3.3.1 修改数据

当输入的数据不正确时就需要对其进行修改，修改数据的具体操作如下。

第1步 双击需要修改数据的单元格，此时光标定位在该数据之后。

第2步 按【Backspace】键，将其中的数据清除，然后重新输入数据即可。

3.3.2 复制和移动数据

在向工作表中输入数据时，若数据输错了位置，不必重新输入，可将其移动到正确的单元格或单元格区域即可；若单元格中的数据与其他单元格数据相同，为了避免重复输入，可采用复制的方法来输入相同的数据，从而提高工作效率。

1. 复制数据

第1步 启动 Excel 2016，新建一个空白文档，然后输入如下图所示的内容。

第2步 选中单元格区域 A1：A3，然后利用组合键【Ctrl+C】进行复制。

第3步 选择目标位置，如这里选中单元格区域 C2：C4，然后利用组合键【Ctrl+V】进行粘贴，即可将选中单元格区域中的数据复制到目标单元格区域 C2：C4 中。

2. 移动数据

第1步 选中单元格区域 A1:A3，然后将鼠标指针移至选中单元格区域的边框上，此时鼠标指针变成如图所示的形状。

3.3.3 查找和替换数据

使用 Excel 提供的查找与替换功能，可以在工作表中快速定位要查找的信息，并且可以有选择性地用其他值将查找的内容替换。查找和替换数据的具体操作如下。

第1步 打开随书光盘中的"素材 \ch03\ 公司员工考勤表.xlsx"文件。

第2步 依次单击【开始】→【编辑】→【查找和选择】菜单命令，从弹出下拉菜单中选择【查找】选项。

第2步 按住鼠标左键不放将其移至合适的位置，然后释放鼠标左键，即可实现数据的移动操作。

第3步 打开【查找和替换】对话框，默认显示为【查找】选项卡，然后在【查找内容】文本框中输入"出勤天数"。

第4步 单击【查找下一个】按钮，即可快速定位要查找的信息。

第5步 在【查找和替换】对话框中选择【替换】选项卡，然后在【替换为】文本框中输入"本周出勤天数"。

第6步 单击【替换】按钮，即可将查找出的内容替换为"本周出勤天数"。

3.3.4 撤销和恢复数据

撤销可以取消刚刚完成的一步或多步操作，恢复可以取消刚刚完成的一步或多步撤销操作。撤销和恢复数据的具体操作如下。

第1步 打开随书光盘中的"素材 \ch03\ 公司员工考勤表.xlsx"文件，然后在单元格 I3 中输入"4"。

第2步 此时若想撤销刚才的输入操作，可以单击标题栏中的【撤销】按钮，或按组合键【Ctrl+Z】，即可恢复至上一步操作。

第3步 在经过撤销操作以后，【恢复】按钮被置亮，这表明可以用【恢复】按钮来恢复已被撤销的操作，快捷键为【Ctrl+Y】。

3.3.5 清除数据

清除数据包括清除单元格中的公式或内容、清除格式、清除批注及清除超链接等。具体的操作如下。

第1步 打开随书光盘中的"素材 \ch03\ 公司员工考勤表 .xlsx"文件，并选中需要清除数据的单元格 B1。

第2步 依次单击【开始】→【编辑】→【清除】按钮，从弹出的下拉菜单中选择【清除内容】选项。

第3步 即可将单元格 B1 中的数据清除，但保留该单元格的格式。

第4步 若是在步骤2弹出下拉菜单中选中【清除格式】选项，即可将单元格 B1 的格式清除，但保留该单元格中的数据。

第5步 若是选择【全部清除】选项，则将单元格 B1 的格式及文本内容全部清除。

3.4 编辑数据的高级技巧

本节将为用户介绍编辑数据的高级技巧，包括快速转换数据格式、设置数据小数位数及为数据添加单位等。灵活掌握这些输入技巧，将大大提高工作效率。

3.4.1 快速转换数据的格式

有时在向工作表中输入数据时，默认的数据格式并不是我们需要的格式，因此需要将其转换为特定的格式。快速转换数据格式的具体操作如下。

第1步 打开随书光盘中的"素材\ch03\办公用品采购清单.xlsx"文件。

第2步 选中需要转换数据格式的单元格区域 C3:C8，然后依次单击【开始】→【数字】→【数字格式】按钮，从弹出的下拉菜单中选择【货币】选项。

第3步 即可将选中的数据转换为货币格式。

3.4.2 设置数据的小数位数

默认情况下，在 Excel 工作表中输入的整数数字没有小数位数，若用户需要，可以为其设置小数位数，具体的操作如下。

第1步 接着 3.4.1 小节的操作，打开"办公用品采购清单.xlsx"文件，并选中单元格区域 D3:D8，利用组合键【Ctrl+1】打开【设置单元格格式】对话框，选择【数字】选项卡，然后在左侧的【分类】列表框中选择【数值】选项，并在右侧的【小数位数】文本框中输入"2"。

第2步 单击【确定】按钮，即可将选中的数据设置为带两位小数的数值格式。

3.4.3 模糊匹配查找数据

模糊匹配查找数据是指在工作表中输入一个简称或关键词，然后通过相关函数查找到原始数据。模糊匹配查找数据的具体操作如下。

第1步 接着 3.4.2 小节的操作，打开"办公用品采购清单.xlsx"文件，然后在单元格 B10 中输入"喷墨"，在单元格 C10 中输入公式"=LOOKUP(1,0/FIND(B10,B1:B8),B1:B8)"

第2步 按【Enter】键完成输入，即可在单元格 C10 中返回单元格 B10 对应的原始数据。

3.4.4 为数据添加单位

如果为少量的数据添加单位，可采用手动输入的方法，若为大量的数据添加相同的单位，再使用手动输入就比较烦琐，此时可采用自定义的方法为数据添加单位。为数据添加单位的具体操作如下。

第1步 接着 3.4.3 小节的操作，打开"办公用品采购清单.xlsx"文件，并选择单元格区域 D3:D8，然后利用组合键【Ctrl+1】打开【设置单元格格式】对话框，在【分类】列表框中选择【自定义】选项，在右侧的【类型】文本框中输入"#"台""。

据添加相同的单位。

第2步 单击【确定】按钮，即可为选中的数

3.5 单元格的选取与定位

要对单元格进行编辑操作，必须先选中单元格或单元格区域，使其处于编辑状态。当启动 Excel 并创建新的工作簿时，单元格 A1 处于自动选定状态。

3.5.1 选择单元格

选中单元格后，单元格边框线会变成绿色粗线，并在名称框中显示当前单元格的地址，其内容显示在当前单元格和编辑栏中。选中一个单元格的常用方法有以下 3 种。

1. 用鼠标选定

用鼠标选定单元格是最常用到的方法，只需在单元格上单击即可。具体的操作如下。

第1步 启动 Excel 2016，新建一个空白文档，此时单元格 A1 处于自动选定的状态。

第2步 若需要选择其他单元格，可以移动鼠标指针至目标单元格，此时鼠标指针变成"⇧"形状，单击鼠标左键，即可选中目标单元格。

2. 使用名称框

在名称框中输入目标单元格的地址，如

这里输入"B5",按【Enter】键完成输入，即可选中输入的单元格。

3. 用方向键选定

使用键盘上的上、下、左、右4个方向键，也可以选定单元格。例如，默认选定的是单元格A1，按【↓】键则可选定单元格A2，再按【→】键则可选定单元格B2。

3.5.2 选择单元格连续区域

在Excel工作表中，若要对多个连续单元格进行相同的操作，可以先选择单元格区域。选择单元格连续区域的方法有以下3种。

1. 鼠标拖曳法

第1步 启动Excel 2016，新建一个空白文档，将鼠标指针移放至单元格B3中，此时鼠标指针变成如下图所示的形状。

第2步 按住鼠标左键不放向右下角拖动，即可选中连续的单元格区域。

2. 使用快捷键选择

选中起始单元格A4，然后按住【Shift】键的同时单击该区域右下角的单元格C7。此时即可选中单元格区域A4:C7。

3. 使用名称框

第1步 在该工作表的名称框中输入单元格区域名称"A3:D8"。

第2步 按【Enter】键完成输入，即可选中连续单元格区域 A3:D8。

3.5.3 选择单元格不连续区域

选择单元格不连续区域的具体操作如下。

第1步 选择第 1 个单元格区域，如这里选中单元格区域 A1:C4。将指针移到该区域左上角的单元格 A1 中，然后按住鼠标左键不放，向右下角拖动至该区域的单元格 C4，即可选中单元格区域 A1:C4。

第2步 此时按住【Ctrl】键不放的同时再选中其他单元格区域，如这里选中单元格区域 C5:E7，即可实现选择单元格不连续区域的操作。

3.5.4 选择所有单元格

选择所有单元格，即选择整个工作表，下面介绍两种常用的操作方法。

方法 1：单击工作表左上角行号与列标相交处的【选定全部】按钮 ，即可选择所有单元格。

单元格。

方法 2：利用组合键【Ctrl+A】选中所有的

3.6 单元格的基本操作

在 Excel 工作表中，对单元格的基本操作包括插入、删除、合并等。

3.6.1 插入与删除单元格

在 Excel 工作表中，可以在活动单元格的上方或左侧插入空白单元格，以此同时活动单元格将下移或右移。

插入单元格的具体操作如下。

第1步 打开随书光盘中的"素材\ch03\员工考勤表.xlsx"文件。

选项组中单击【插入】按钮，从弹出的下拉菜单中选择【插入单元格】选项。

第3步 打开【插入】对话框，此时用户可根据实际需要选择向下或向右移动活动单元格，如这里选择【活动单元格右移】选项。

第2步 选中需要插入空白单元格的活动单元格 C2，然后单击【开始】按钮，在【单元格】

第 4 步 单击【确定】按钮，即可在当前位置插入空白单元格，原位置数据则依次向右移。

删除单元格的具体操作如下。

第 1 步 选中插入的空白单元格 C2，然后依次单击【开始】→【单元格】→【删除】下拉按钮，从弹出的下拉菜单中选择【删除单元格】选项。

第 2 步 打开【删除】对话框，然后在【删除】区域内选中【右侧单元格左移】选项。

第 3 步 即可将选中的单元格删除，同时右侧的单元格依次向左移动一个单元格。

3.6.2 合并与拆分单元格

合并与拆分单元格是美化表格最常用的方法。

1. 合并单元格

合并单元格是将单元格区域合并成一个单元格，合并单元格有以下两种方式。

（1）通过选项卡合并单元格。

第 1 步 启动 Excel 2016，新建一个空白文档，并输入如下图所示的内容。

第2步 选中需要合并的单元格区域 A1:D1，然后依次单击【开始】→【对齐方式】→【合并后居中】下拉按钮，从弹出的下拉菜单中选择【合并单元格】选项。

第3步 即可将选中的单元格区域合并成一个单元格。

（2）在【设置单元格格式】对话框中合并单元格。

第1步 选中需要合并的单元格区域 A1:E1，利用组合键【Ctrl+1】打开【设置单元格格式】对话框，选择【对齐】选项卡，然后在【文本控制】区域内选中【合并单元格】复选框。

第2步 单击【确定】按钮，即可将选中的单元格区域合并成一个单元格。

2. 拆分单元格

单元格既然能合并，当然也能够取消合并单元格。拆分单元格有以下两种方法。

（1）通过选项卡拆分单元格。

第1步 选中合并后的单元格区域，然后依次单击【开始】→【对齐方式】→【合并后居中】

按钮，从弹出的下拉菜单中选择【取消单元格合并】选项。

第 2 步 即可将选中的单元格区域恢复成合并前的状态。

（2）在【设置单元格格式】对话框中拆分单元格。

第 3 步 选中合并后的单元格区域，利用组合键【Ctrl+1】打开【设置单元格格式】对话框，选择【对齐】选项卡，然后在【文本控制】区域内取消【合并单元格】复选框的选中状态。

第 4 步 单击【确定】按钮，即可完成拆分单元格的操作。

3.7 行、列和单元格的操作

行和列的基本组成单位是单元格，在对 Excel 的工作表进行编辑之前，首先需要掌握行、列以及单元格的操作。

3.7.1 插入行与列

有时在工作表中需要添加多余的一行或一列以增加其他内容，可以通过插入行和列的操作来实现。插入行和列的具体操作如下。

第1步 打开随书光盘中的"素材 \ch03\ 员工考勤表.xlsx"文件。

第2步 将鼠标指针移到需要插入行的下面一行，如这里在第 3 行的行号上单击，从而选中第 3 行。

第3步 单击【开始】按钮，在【单元格】选项组中单击【插入】按钮，从弹出的下拉菜单中选择【插入工作表行】选项。

第4步 即可在工作表的第 2 行和第 3 行之间插入一个空白行，而第 3 行及后面的行依次向下移动一行。

第5步 插入列的方法与插入行相同，选择需要插入列左侧的列号，然后单击【插入】按钮，从弹出的下拉菜单中选择【插入工作表列】选项，即可在表格中插入一列。

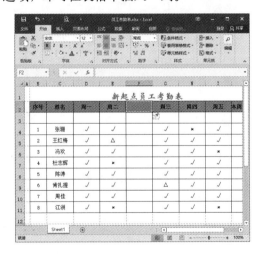

3.7.2 删除行与列

如果在工作表中不需要某一行或列，可以将其删除。删除行和列的具体操作如下。

第1步 接着 3.7.1 小节的操作，打开"员工考勤表.xlsx"文件，选中需要删除的一行，然后依次单击【开始】→【单元格】→【删除】按钮，从弹出的下拉菜单中选择【删除工作表行】选项。

第2步 即可将选中的一行删除,并且下面的行依次向上移动一行。

第3步 选中需要删除的一列,然后从【删除】按钮弹出的下拉菜单中选择【删除工作表列】选项,即可将选中的一列删除。

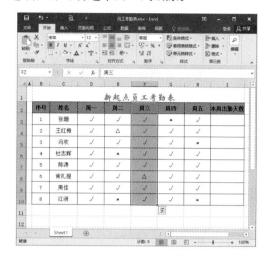

| 提示 | ::::::::::

　　除了使用功能区中的【删除】按钮来删除工作表中的行与列外,还可以使用右键菜单选项来删除,具体的操作为选定要删除的行与列,然后右击鼠标,从弹出的下拉菜单中选择【删除】选项即可

3.7.3 调整行高与列宽

　　调整行高和列宽是美化表格最常用到的方法,即当单元格的宽度或高度不足时,会导致其中的数据显示不完整,这时就需要调整列宽和行高。调整行高有手动设置和自动设置两种方式,下面介绍自动设置行高(手动设置行高,与手动设置列宽的方法类似,读者可参阅接下来的内容),具体的操作如下。

第1步 接着3.7.2小节的操作,打开"员工考勤表.xlsx"文件,然后选中需要调整高度的第3行、第4行和第5行(先选中第3行,按住【Ctrl】键不放,依次选中第4行和第5行)。

第2步 单击【开始】按钮，在【单元格】选项组中单击【格式】按钮，从弹出的下拉菜单中选择【行高】选项。

第3步 打开【行高】对话框，将【行高】文本框中的原有数据删除，并重新输入"28"。

行高	?	×
行高(R):	28	
	确定	取消

第4步 单击【确定】按钮，即可将选中的行的行高均设置为"28"。

调整列宽有以下两种方式，用户可根据实际情况选择合适的方法调整列宽。

1. 手动调整

如果只需要调整某一列的列宽，可采用手动调整的方式，具体的操作如下。

第1步 打开"员工考勤表.xlsx"文件，选中需要调整宽度的一列。

第2步 将鼠标指针放到 B 列和 C 列之间的列线上，当指针变成 ✛ 形状时，按住鼠标左键向右拖动列线至合适的宽度，然后释放鼠标左键，即完成调整 B 列的列宽。

2. 自动调整

如果需要将多列的列宽调整为相同的宽度,可采用自动调整的方式,具体的操作如下。

第1步 选中单元格区域 D2:F10,然后依次单击【开始】→【单元格】→【格式】按钮,从弹出的下拉菜单中选择【列宽】选项。

第2步 打开【列宽】对话框,然后在【列宽】

文本框中输入"15"。

第3步 单击【确定】按钮,即可将选中的多列设置为相同的宽度。

举一反三

制作工作计划进度表

本实例将介绍如何制作工作计划进度表。通过本实例的练习,可以对本章介绍的知识点进行综合运用,包括输入数据、快速填充数据以及合并单元格等操作。下面就根据某施工单位的施工进度计划来制作工作计划进度表。

1. 创建工作簿

启动 Excel 2016,新建名称为"工作计划进度表"的工作簿,然后在单元格中分别输入相关内容。

2. 设置日期显示的格式

选中单元格区域 C3:C13,然后按住【Ctrl】键,同时再选中单元格区域 E3:E13,再利用组合键【Ctrl+1】打开【设置单元格格式】对话框,默认显示为【数字】选项卡,然后在【分类】列表框中选择【自定义】选项,最后在右侧的【类型】文本框中输入"yyyy-m-d"。单击【确定】按钮,即可更改日期的显示格式。

3. 美化表格

设置单元格区域 A2:E13 的边框,调整列宽,合并单元格 A1:E1,且标题居中显示。然后设置字体、字号和颜色,最后套用自带的表格样式,结果如下图所示。

◇ 使用右键填充

在自动填充数据时,可以使用鼠标右键进行填充选择,具体的操作如下。

第1步 启动 Excel 2016,新建一个空白文档,然后分别在单元格 A1 和 A2 中输入"1""2"。

第2步 选中单元格区域 A1:A2,并将鼠标指针移到单元格 A2 的右下角,当指针变成 ✛ 形状时,按住鼠标右键向下填充至该序列的最后一个单元格,然后释放鼠标,即可弹出填充选项菜单。

第 3 步 用户可根据实际需要选择相应的选项，如这里选择【等比数列】选项，即可将该序列自动填充为等比数列的形式。

◇ 使用"快速填充"合并多列单元格

使用填充柄可以快速合并多列单元格，具体的操作如下。

第 1 步 启动 Excel 2016，新建一个空白文档，然后选中需要合并的单元格区域，如这里选择 A1:D1。

第 2 步 依次单击【开始】→【对齐方式】→【合并后居中】按钮，从弹出的下拉菜单中选择【合并单元格】选项。

第 3 步 即可将选中的单元格区域合并成一个单元格。

第 4 步 将鼠标指针移到单元格 A1 的右下角，当鼠标指针变成 ✚ 形状时，按住鼠标左键向下拖动至单元格区域 A7:D7，即可快速将多列单元格区域合并成一个单元格。

◇ 【F4】键的妙用

Excel 中有个快捷键的作用极为突出，那就是【F4】键，作为"重复键"，【F4】键可重复上一步的操作，从而避免许多重复性操作。使用【F4】键的具体操作如下。

第1步 启动 Excel 2016，新建一个空白文档，然后选中需要进行操作的单元格 C3，利用组合键【Ctrl+1】打开【设置单元格格式】对话框，选择【填充】选项卡，最后在【背景色】面板中选择需要的颜色。

第2步 单击【确定】按钮，即可将选中的单元格底纹设置为选择的颜色。

第3步 选中目标单元格 D4，然后按【F4】键，即可重复上一步的操作，将选中的单元格底纹设置为相同的颜色。

第4步 重复使用【F4】键，即可设置多个相同底纹的单元格。

◇ 在不同单元格快速输入同一内容

有时会根据需要在不同单元格中输入相同的内容，如果采用逐个输入的方法会很麻烦，下面介绍一种快速在多个单元格同时输入相同数据的技巧，具体的操作如下。

第1步 启动 Excel 2016，新建一个空白文档，然后依次选中需要输入同一内容的单元格。

第2步 在编辑栏中输入文本"唐诗 300 首"，然后利用组合键【Ctrl+Enter】确认输入，此时所选单元格内容均变为"唐诗 300 首"。

第4章

工作表美化设计及数据的查看

📑 本章导读

本章将通过员工资料归档管理表的制作，详细介绍表格的创建和编辑、文本段落的格式化设计、套用表格样式、设置条件格式以及数据的查看方式等内容，从而帮助读者掌握制作表格和美化表格的操作。

📡 思维导图

4.1 员工资料归档管理表

员工资料归档管理是企业管理过程中的重要环节，因此，企业会要求人力资源部门制作员工资料归档管理表来统一管理员工资料，以便在人员调动时查看其档案。

实例名称：员工资料归档管理	
实例目的：学习美化工作表及方便查看数据	
素材	素材 \ch04\ 无
结果	结果 \ch04\ 员工资料归档管理表 .xlxs
录像	视频教学录像 \04 第 4 章

4.1.1 案例概述

制作员工资料归档管理表时，需要注意以下几点。

1. 格式统一

区分标题字体和表格内的字体，统一表格内字体的样式（包括字体、字号、颜色等）。否则表格内容将显得杂乱。

2. 美化表格

在员工归档管理表制作完成后，还需要进行美化操作，使其看起来更加美观。包括设置边框、调整行高列宽、设置标题、设置对齐方式等内容。

4.1.2 设计思路

制作员工资料归档管理表时可以按以下的思路进行。
（1）插入标题文本框，输入标题并设计艺术字效果。
（2）输入表格各个项目名称以及具体内容。
（3）设置边框和填充效果、调整列宽。
（4）设置字体、字形和字号。
（5）套用表格格式。

4.1.3 涉及知识点

本案例主要涉及以下知识点。
（1）插入文本框。
（2）使用样式。
（3）设置条件格式。
（4）使用多种方式查看数据。

4.2 输入标题

在 Excel 工作表中创建表格时，第一步操作就是输入表格标题。输入标题可以直接在单元格中输入，也可以插入一个文本框用于输入标题内容，本节将为用户介绍如何插入标题文本框以及设置标题的艺术字效果。

4.2.1 插入标题文本框

在插入标题文本框之前，首先要创建一个空白工作簿，然后再进行相关的操作。具体的操作如下。

第1步 启动 Excel 2016，新建一个空白文档，将工作表"Sheet1"重命名为"员工归档管理表"，然后将该工作簿保存，在保存时将其重命名为"员工资料归档管理表"。

第3步 此时指针变成"↓"形状，按住鼠标左键开始绘制一个横排文本框，即可成功插入一个标题文本框。

第2步 单击【插入】按钮，在【文本】选项组中单击【文本框】按钮，从弹出的下拉菜单中选择【横排文本框】选项。

4.2.2 设计标题的艺术字效果

插入标题文本框后，就可以在该文本框中输入标题名称并设计艺术字效果。具体的操作如下。

第1步 选中插入的文本框，此时光标定位在文本框中，然后在其中输入标题名称"员工资料归档管理表"。

第2步 选中输入的标题内容，然后单击【绘图工具－格式】选项卡，进入格式设置界面。

第3步 单击【艺术字样式】选项组中的【快速样式】按钮，从弹出的下拉菜单中选择一种需要的艺术字样式选项，此时在标题文本框中即可预览设置的效果。

第4步 设置字号。此时标题内容依然处于选中状态，然后在【开始】选项卡【字体】选项组中将字号设置为"36"。

4.2.3 添加公司 Logo

公司 Logo 代表着企业形象，一个生动形象的 Logo 可以让消费者记住公司主体和品牌文化，从而起着推广的作用。添加公司Logo 的具体操作如下。

第1步 接着 4.2.2 小节的操作，打开"员工归档管理表"工作表，单击【插入】选项卡【插图】选项组中的【图片】按钮。

第5步 设置艺术字效果。单击【艺术字样式】组中的【文字效果】按钮，从弹出的下拉菜单中选择【发光】子菜单中的【蓝色，18pt 发光，个性色 5】选项。

第6步 即可应用选择的文本效果。

第 2 步 打开【插入图片】对话框，在其中打开所要添加图片的文件夹并选中公司 Logo（本文假设公司 Logo 为以下选中的图片）。

第 3 步 单击【插入】按钮，即可将该图片插入 Excel 工作表中。

第 4 步 调整图片大小。选中插入的图片，然后将鼠标指针移到其右下角的控制点上，按住鼠标左键向左上角方向拖动至需要的图片大小，释放鼠标左键即可。

第 5 步 调整图片位置。将鼠标指针移到该图片上，然后按住鼠标左键拖动该图片至合适的位置释放鼠标左键，即可调整图片的位置。

第 6 步 取消文本框的边框线。选中标题文本框，并右击，从弹出的下拉菜单中选择【设置形状格式】选项。

第 7 步 打开【设置形状格式】任务窗口，选择【线条】选项卡，然后选中【无线条】单选按钮。

第 8 步 单击【设置形状格式】任务窗口右上角的【关闭】按钮，即可取消标题文本框的线条，从而使标题看起来更加美观。

4.3 创建和编辑管理表

员工资料归档管理表的标题设置好以后，就可以根据归档管理表的具体内容来创建及编辑管理表。

4.3.1 创建表头

在创建归档管理表时，需要先创建表格的表头，即表格的各个项目名称。创建表头的具体操作如下。

第1步 接着4.2.3小节的操作，打开"员工归档管理表"工作表，选择单元格A6，并输入表格的第一个项目名称"序号"，然后按【Enter】键完成输入。

第2步 按照相同的方法在单元格区域B6:J6中分别输入表格的其他项目名称，即可完成表头的创建。

4.3.2 编辑归档管理表

表头创建完成以后，再根据各个项目名称输入各列的具体内容。编辑归档管理表的具体操作如下。

第1步 在"员工归档管理表"工作表中编辑表格部分内容，完成后的效果如下图所示。

第2步 输入身份证号。默认情况下，在单元

格中输入的身份证号会以科学计数法显示，为了完整地显示输入的身份证号，需要进行设置。选中单元格F7，先输入英文状态下的"'"，然后再输入对应的员工身份证号。

第3步 按【Enter】键完成输入，这样输入的身份证号就可以完整地显示出来了。

第4步 按照相同的方法分别输入其他员工的身份证号，完成后的效果如下图所示。

第5步 编制公式提取员工的性别信息。选中单元格H7，并输入公式"=IF(MOD(RIGHT(LEFT(F7,17)),2)," 男 "," 女 ")"，然后按【Enter】键完成输入，即可提取第一位员工的性别信息。

第6步 复制公式。使用填充柄将单元格H7的公式复制到后续单元格中，完成其他员工性别信息的提取操作。

第7步 编制计算员工年龄的公式。选中单元格I7,并输入公式"=DATEDIF(G7,TODAY(),"y")&" 年 ""，按【Enter】键完成输入，即可计算出第一位员工的年龄。

第8步 复制公式。使用填充柄将单元格I7的公式复制到后续单元格中，从而计算出其他员工的年龄。至此，就完成了归档管理表的编辑操作。

4.4 文本段落的格式化

员工归档管理表制作完成后，还需要进行相关的格式化操作以增强表格的视觉效果。文本段落的格式化操作包括设置字体、对齐方式及边框等内容。

4.4.1 设置字体

设置字体的具体操作如下。

第1步 设置表头字体。打开"员工归档管理表"工作表，选中单元格区域 A6:K6，利用组合键【Ctrl+1】打开【设置单元格格式】对话框，选择【字体】选项卡，并在【字体】列表框中选择【宋体】选项，在【字形】列表框中选择【加粗】选项，最后在【字号】列表框中选择【12】选项。

第3步 设置表格内的字体。选中单元格区域 A7:K16，然后在【开始】选项卡【字体】选项组中将字体设置为"宋体"。至此，就完成了字体的设置。

第2步 单击【确定】按钮，即可完成表头字体的设置。

4.4.2 设置对齐方式

设置统一的对齐方式，会使表格看起来更加整齐、美观。设置对齐方式的具体操作如下。

第1步 设置标题对齐方式。打开"员工归档管理表"工作表，选中标题文本框，将鼠标指针移到边框线上，当指针变成"⇖"形状时，按住鼠标左键不放拖动文本框至居中的位置释放鼠标即可。

第2步 调整公司 Logo 图片的位置。选中插入的 Logo 图片，并将鼠标指针移到图片上，此时指针变成"🖑"形状，按住鼠标左键拖动该图片至标题内容之后。

4.4.3 设置边框和背景

设置边框和背景的具体操作如下。

第1步 打开"员工归档管理表"工作表，并选中单元格区域 A6:K16，利用组合键【Ctrl+1】打开【设置单元格格式】对话框，选择【边框】选项卡，然后依次单击【预置】选项组中的【外边框】和【内部】按钮。

第3步 设置表格内的文本对齐方式。选中单元格区域 A6:K16，然后依次单击【开始】→【对齐方式】→【居中】菜单命令，即可将选中的数据设置为居中显示。至此，就完成了对齐方式的设置。

第2步 单击【确定】按钮，即可为表格设置边框。

第3步 设置填充效果。选中单元格区域 A6:K6，并打开【设置单元格格式】对话框，选择【填充】选项卡，然后单击【背景色】面板中的【填充效果】按钮。

第4步 打开【填充效果】对话框，在【颜色】列表框中选择【双色】单选按钮，并在【颜色1】和【颜色2】下拉菜单中选择需要的颜色，然后选中【底纹样式】列表框中的【中心辐射】单选按钮。

第5步 依次单击【确定】按钮，完成填充效果的设置。

第6步 设置背景色。选中单元格区域 A7:K16，然后打开【设置单元格格式】对话框，选择【填充】选项卡，并在【背景色】面板中选择需要填充的颜色。

第7步 单击【确定】按钮，为选中的单元格区域设置背景色。

4.5 使用样式

在 Excel 工作表中美化表格既可以手动设置单元格样式，也可以使用 Excel 预置的多种常用表格样式，用户可以根据需要自动套用这些预先设定好的样式，以提高工作效率。

4.5.1 设置单元格样式

设置单元格样式包括设置标题样式、主题单元格样式以及数据格式等内容。具体的操作如下。

第1步 设置主题单元格样式。打开"员工归档管理表"工作表，并选中单元格区域A7:K16，然后单击【开始】选项卡【样式】组中的【单元格样式】按钮。

第2步 从弹出的下拉菜单中选择【主题单元格样式】区域内的【20%－着色1】选项。

第3步 即可应用选择的主题单元格样式。

第4步 设置数字格式。选中单元格区域G7:G16，利用组合键【Ctrl+1】打开【设置单元格格式】对话框，默认显示为【数字】选项卡，然后在【分类】列表框中选择【自定义】选项，最后在右侧的【类型】文本框中输入"yyyy-m-d"。

第5步 单击【确定】按钮，即可更改出生日期的显示格式。

4.5.2 套用表格格式

套用已有的表格样式不仅可以简化设置工作表格式的操作，还可以使创建的工作表更加规范。套用表格格式的具体操作如下。

第1步 为了更好地显示套用表格格式的效果，这里需要先取消"员工归档管理表"中的表格填充颜色。打开"员工归档管理表"工作表，然后选中单元格区域A6:K16。

第2步 按下组合键【Ctrl+1】打开【设置单元格格式】对话框，选择【填充】选项卡，单击【背景色】面板中的【无颜色】按钮。

第3步 单击【确定】按钮，即可取消表格中设置的填充颜色。

第4步 套用表格格式。选中单元格区域

A6:K16，然后单击【开始】选项卡【样式】组中的【套用表格格式】按钮。

第5步 从弹出的下拉菜单中选择【中等深浅】区域内的【表样式中等深浅 21】选项。

第6步 此时系统会弹出【套用表格式】对话框，并在【表数据的来源】文本框中显示套用的表格区域。

第7步 单击【确定】按钮，即可套用选择的表格样式。

第8步 套用表格格式以后，表格中的数据还处于筛选状态，如果需要取消数据的筛选状态，可以先选中单元格区域 A6:K6，然后单击【数据】选项卡【排序和筛选】组中的【筛选】按钮。

第9步 即可取消数据的筛选状态。

4.6 设置条件样式

在 Excel 2016 中可以使用条件格式，将符合条件的数据突出显示，从而更好地进行数据分析。

4.6.1 突出显示未归档的信息

对未归档的信息设置突出显示，有利于管理者及时处理未归档信息。具体的操作如下。

第1步 打开"员工归档管理表"工作表，并选中单元格区域【K7:K16】，然后单击【开始】选项卡【样式】组中的【条件格式】按钮，从弹出的下拉菜单中选择【突出显示单元格规则】子菜单中的【等于】选项。

第2步 打开【等于】对话框后，在【为等于以下值的单元格设置格式】文本框中输入

"否"，然后在【设置为】下拉菜单中选择用于突出显示这些信息的颜色，如这里选择【浅红填充色深红色文本】选项。

第3步 单击【确定】按钮，将未归档信息突出显示。

4.6.2 设置项目的选取规则

项目选取规则可以突出显示选定区域中最大或最小的百分数或数字所指定的数据所在单元格，还可以指定大于或小于平均值的单元格。这里将介绍通过项目选取规则的设置来突出显示高于平均年龄值的数据所在单元格，具体操作如下。

第1步 打开"员工归档管理表"工作表，选中单元格区域I7:I16，然后依次单击【开始】→【样式】→【条件格式】按钮，从弹出的下拉菜单中选择【项目选取规则】子菜单中的【高于平均值】选项。

第3步 单击【确定】按钮，即可看到数值高于平均值的单元格背景色被设置成了黄色，字体颜色被设置成了深黄色。

第2步 打开【高于平均值】对话框，然后在【针对选定区域，设置为】下拉菜单中选择【黄填充色深黄色文本】选项。

4.6.3 添加数据条效果

添加数据条效果，可以查看某个单元格相对于其他单元格的值。数据条的长度代表单元格中的值。数据条越长，表示值越高；数据条越短，表示值越低。在观察大量数据中的较高值和较低值时，设置数据条效果显得尤为重要。

添加数据条效果的具体操作如下。

第1步 打开"员工归档管理表"工作表，并选中单元格区域I7:I16，然后依次单击【开始】→【样式】→【条件格式】按钮，从弹出的下拉菜单中选择【数据条】子菜单中的【实心填充】区域内的【浅蓝色数据条】选项。

第2步 此时员工年龄就会以浅蓝色数据条显示，年龄越高，则数据条越长。

4.7 工作表数据的查看

Excel 2016 提供了多种工作表数据的查看方式，包括全屏查看、按比例查看、分页查看、多窗口查看及冻结行列标题查看数据。

4.7.1 全屏幕查看工作表数据

以全屏方式查看时，可以将 Excel 窗口中的功能区、标题栏、状态栏都隐藏，最大化地显示数据区域。在进行全屏幕查看数据之前，需要先在快速访问工具栏上添加全屏视图命令，具体的操作如下。

第1步 打开"员工归档管理表"工作表，然后单击【自定义快速访问工具栏】按钮，从弹出的下拉菜单中选择【其他命令】选项。

第2步 打开【Excel 选项】对话框，默认显示

【快速访问工具栏】选项卡，然后在【在下拉位置选择命令】下拉菜单中选择【不在功能区中的命令】选项，并在下方的列表框中通过拖动滚动条找到【切换全屏视图】选项。

第3步 依次单击【添加】按钮和【确定】按钮，即可将【切换全屏视图】命令添加到快速访问工具栏。

第4步 单击【切换全屏视图】按钮，即可全屏显示数据区域。

第5步 单击全屏显示界面右上角的【向下还原】按钮 □，可退出全屏显示。

4.7.2 按比例查看工作表数据

按比例查看是指将所有区域或选定区域缩小或放大，以便显示需要的数据信息。按比例查看工作表数据的具体操作如下。

第1步 打开"员工归档管理表"工作表，然后单击【视图】选项卡【显示比例】组中的【显示比例】按钮。

第2步 打开【显示比例】对话框，用户可根据实际需要选择相应的显示比例，如这里选择【200%】选项。

第3步 单击【确定】按钮，即可查看放大后的文档。

第4步 在工作表中选择一部分区域，然后在【显示比例】对话框中选择【恰好容纳选定区域】单选按钮，则选择的区域将最大化地显示在当前窗口中。

第5步 若在【显示比例】对话框中选择【50%】单选按钮，则可查看缩小后的文档。

4.7.3 按打印页面分页查看工作表数据

使用分页预览功能可以查看打印内容的分页情况，具体的操作如下。

第1步 打开"员工归档管理表"，单击【视图】选项卡【工作簿视图】组中的【分页预览】按钮。

第2步 即可将工作表设置为分页预览布局形式。

|提示|

除了在功能区实现按比例查看操作以外，还可以拖动 Excel 工作界面右下角的缩放条进行比例缩放。

第3步 将鼠标指针放至蓝色的虚线处，当指针变为双箭头形状时，按住鼠标左键进行拖动，即可调整每页的范围。

4.7.4 在多窗口查看数据

使用 Excel 提供的新建窗口功能可以新建一个与当前窗口一样的窗口，然后将两个窗口进行对比查看，便于数据分析。在多窗口中查看数据的具体操作如下。

第1步 打开"员工归档管理表"工作表，然后单击【视图】选项卡【窗口】组中的【新建窗口】按钮。

第2步 即可新建一个名为"员工归档管理表.xlxs:2"的文件，源窗口名称自动改为"员工归档管理表.xlxs:1"。

第3步 依次单击【视图】→【窗口】→【并排查看】菜单命令，即可将两个窗口进行并排放置。

第4步 单击【窗口】组中的【同步滚动】按钮，拖动其中一个窗口的滚动条时，另一个也会同步滚动。

第5步 单击【窗口】组中的【全部重排】按钮，即可打开【重排窗口】对话框，在【排列方式】区域内选择设置窗口的排列方式，这里选择【垂直并排】单选按钮。

第6步 单击【确定】按钮，即可以垂直方式排列窗口。

4.7.5 冻结行列标题查看数据

冻结是指将指定区域固定，滚动条只对其他区域的数据起作用，具体的操作如下。

第1步 打开随书光盘中的"结果\ch04\制作工作计划进度表.xlxs"文件，然后选中第8行。

第2步 单击【视图】选项卡【窗口】组中的【冻结窗格】按钮，从弹出的下拉菜单中选择【冻结首行】选项。

第3步 设置首行冻结以后，向下拖动滚动条，则标题行始终显示在当前窗口中。

第4步 若若是从步骤2弹出的下拉菜单中选择【冻结首列】选项，则向右拖动滚动条时，各列的项目序号将始终显示在当前窗口中。

第5步 单击【窗口】组中的【冻结窗格】按钮，从弹出的下拉菜单中选择【取消冻结窗口】选项，即可恢复到普通状态。

美化人事变更表

通过本章学习，将综合运用所学知识来制作及美化人事变更表。

1. 创建工作簿

创建"制作人事变更表"工作簿。输入表格标题为艺术字。设置艺术字的属性和位置，然后输入人事表的内容。

2. 美化表格

选择单元格区域 A4:F14，设置边框效果，设置表格项目名称的字形、对齐方式，然后调整列宽，最后套用表格格式，结果如下图所示。

◇ 神奇的 Excel 格式刷

Excel 中的格式刷具有很强大的功能，使用它可以很方便地将某一单元的格式（字体、字号、行高、列宽等格式）应用于其他区域，从而提高工作效率。使用格式刷的具体操作如下。

第1步 打开随书光盘中的"素材 \ch04\ 格

3. 取消数据的筛选状态

选择单元格区域 A4:F4，然后单击【数据】选项卡【排序和筛选】组中的【筛选】按钮。此时即可取消数据的筛选状态。至此，就完成了人事变更表的制作及美化操作。

式刷的使用 .xlxs"文件。

第2步 选中单元格 C8，并输入"处处闻啼鸟"，按【Enter】键完成输入。

第3步 选中单元格 C5，单击【开始】选项卡【剪贴板】组中的【格式刷】按钮，此时单元格 C5 四周出现闪烁的边框线，并且鼠标指针变成如下图所示的形状。

第4步 单击单元格 C8，即可实现文字格式的复制。

◇ 巧妙制作斜线表头

在 Excel 工作表中制作斜线表头的具体操作如下。

第1步 启动 Excel 2016，新建一个空白文档，然后选中需要添加斜线表头的单元格，利用

组合键【Ctrl+1】打开【设置单元格格式】对话框，选择【边框】选项卡，单击【边框】区域内的按钮。

第2步 单击【确定】按钮，完成在选中的单元格内添加斜线头。

第3步 选中单元格 A1，并按照文本的显示顺序输入文本，如这里输入"科目姓名"。

第4步 将鼠标光标放在"科目"与"姓名"之间，然后利用组合键【Alt+Enter】强制换行。

第5步 双击单元格 A1，并将光标放在"科目"的左侧，然后按空格键，根据实际情况确定

按的次数调整文本的位置。

◇ 让文本框大小自动适应内容

在添加文本框时，常会因为文本框过大需要进行调整，为了避免这一操作，可以设置文本框的大小来自动适应内容，具体的操作如下。

第1步 启动 Excel 2016，新建一个空白文档，然后单击【插入】选项卡【文本】组中的【文本框】按钮，从弹出的下拉菜单中选择【横排文本框】选项，此时鼠标指针变成"↓"形状，按住鼠标左键绘制一个文本框。

第2步 在文本框中输入相关文字信息，如这里输入"白日依山尽"，按【Enter】键完成输入。

第3步 右击插入的文本框，从弹出的下拉菜单中选择【设置形状格式】选项。

第4步 打开【设置形状格式】任务窗口，选择【文本选项】选项卡，单击【文本框】按钮 ，在【文本框】设置界面选中【根据文字调整形状大小】复选框。

第5步 单击【关闭】按钮，即可看到选中的文本框根据输入的内容自动调整大小。

第 **2** 篇

公式函数篇

第 5 章 　简单数据的快速计算——公式

第 6 章 　复杂数据的处理技巧——函数

　　本篇主要介绍了 Excel 公式函数的操作。通过对本篇的学习，读者可以掌握简单及复杂的数据计算。

第5章
简单数据的快速计算——公式

本章导读

本章将详细介绍公式的输入和使用、单元格的引用及审核公式是否正确等内容。通过本章的学习，读者可以了解公式的强大计算功能，从而为分析和处理工作表中的数据提供极大的方便。

思维导图

5.1 费用支出报销单

费用支出报销单是员工领取报销金额的凭证，在报销单中详细地记录了各项报销的项目名称、报销金额和报销汇总情况。经过企业的经办人以及审核人批准后，员工即可去财务部领取相应的报销费用。

实例名称：费用支出报销单	
实例目的：财务部领取相应的报销费用的依据	
素材	素材 \ch05\ 出差费用报销单.xlsx
结果	结果 \ch05\ 出差费用报销单.xlsx
录像	视频教学录像 \05 第 5 章

5.1.1 案例概述

制作费用支出报销单时，需要注意以下几点。

1. 格式统一

区分标题字体和表格内的字体，统一表格内字体的样式（包括字体、字号、颜色等）。否则表格内容将显得杂乱。

2. 美化表格

在费用支出报销单制作完成后，还需要进行美化操作，使其看起来更加美观。包括设置边框、调整行高列宽、设置标题、设置对齐方式等内容。

5.1.2 设计思路

制作费用支出报销单时可以按以下的思路进行。

（1）输入表格标题及具体内容。

（2）使用求和公式计算报销费用汇总情况。

（3）设置边框和填充效果、调整列宽。

（4）合并单元格并设置标题效果。

（5）设置文本对齐方式，统一格式。

5.1.3 涉及知识点

本案例主要涉及以下知识点。

（1）输入公式。

（2）编辑公式。

（3）复制公式。

（4）引用单元格。

（5）定义名称并管理名称。

（6）审核公式。

5.2 公式的输入和编辑

输入公式时，以等号"="作为开头，以提示 Excel 单元格中含有公式而不是文本，同样可以对已输入的公式进行修改、删除等操作。本节将为用户详细介绍公式的输入和编辑操作。

5.2.1 公式的组成

公式就是一个等式，是由一组数据和运算符组成的序列。使用公式时必须以等号"="开头，后面紧接数据和运算符。数据可以是常数、单元格或引用单元格区域、标志、名称或工作函数等，这些数据之间都必须通过运算符隔开。

5.2.2 公式中的运算符和优先级

运算符是公式中的主角，如果要掌握 Excel 中的公式，就必须先认识这些运算符，以及运算符的优先级顺序。

1. 运算符

运算符用于指明对公式中元素所做的计算的类型，在 Excel 中，运算符可以分为算术运算符、比较运算符、文本运算符和引用运算符 4 种。

（1）算术运算符。

算术运算符用于完成基本的数学运算，即加、减、乘、除、求幂、百分号等，见下表。

算术运算符	名称	用途	示例
+	加号	加	5+6
−	减号	减，也可以表示负数	9−1，−9
*	星号	乘	6*6
/	斜杠	除	9/2
%	百分号	百分比	90%
^	脱字符	求幂	4^2（相当于 4*4）

（2）比较运算符。

比较运算符用于比较两个值，结果为一个逻辑值，即 TRUE（真）或 FALSE（假）。这类运算符常用于判断，根据判断结果决定下一步进行何种操作，见下表。

算术运算符	名称	用途	示例
=	等号	等于	A5=B5
>	大于号	大于	A5>B5
<	小于号	小于	A5<B5
>=	大于等于号	大于等于	A5>=B5
<=	小于等于号	小于等于	A5<=B5
<>	不等号	不等于	A5<>B5

（3）文本运算符。

Excel 中的文本运算符只有一个文本串联符"&"，用于将两个或更多个字符串连接在一起。如单元格 A5 包含"名"，单元格 B5 包含"姓"，若要以格式"名 姓"显示全名可输入公式

"=A5&""&B5"；若要以格式"姓，名"显示全名则输入"=A5&"，"&B5"。

（4）引用运算符。

引用运算符用于合并单元格区域，各引用运算符的名称与用途见下表。

引用运算符	名称	用途	示例
:	冒号	引用单元格区域	A5：A15
,	逗号	合并多个单元格引用	SUM（A5：A15，D5：D15）
	空格	将两个单元格区域进行相交	A1：C1 B1：B5 的结果为 B1

2. 运算符的优先级

在 Excel 中，一个公式中同时可以包含多个运算符，这时就需要按照一定的优先顺序进行计算，对于相同优先级的运算符，将从左到右进行计算。另外，把需要先计算的部分用括号括起来，可提高优先顺序，见下表。

运算符	名称
：（冒号）	引用运算符
（空格）	
，（逗号）	
%	百分比
^	乘幂
* 和 /	乘和除
+ 和 −	加和减
&	连接两串文本

5.2.3 输入公式

在单元格中输入公式有手动输入和自动输入两种方法，下面分别来介绍这两种方法的具体使用情况。

1. 手动输入

第1步 打开随书光盘中的"素材 \ch05\ 出差费用报销单 .xlsx"文件

第2步 选中单元格 K3，并在其中输入"=F3"，此时单元格 F3 处于被引用状态。

第3步 接着输入"+"，然后选择单元格 G3，此时单元格 G3 也处于被引用状态。

错。使用自动输入公式的具体操作如下。

第1步 选中单元格 K3，然后单击【开始】选项卡【编辑】组中的【自动求和】按钮 Σ·。

第4步 按照相同的方法，在单元格 K3 中输入完整公式"=F3+G3+H3+I3+J3"。

第2步 此时在选中的单元格中自动显示求和公式及在公式中引用的单元格地址。

第5步 此时按【Enter】键即可完成输入，并自动计算出第一位员工的报销金额。

第3步 按【Enter】键确认公式，即可自动计算出第一位员工的报销总额。

2. 自动输入

自动输入公式更简单快捷，也不容易出

5.2.4 编辑公式

在公式的运用过程中，有时候需要对输入的公式进行修改操作，具体的操作如下。

第1步 打开"出差费用报销单.xlsx"文件，双击单元格 K3，使其处于编辑状态。

对个别数据进行修改，如这里重新输入引用单元格中的数值进行计算。

第2步 此时可将其中的公式删除重新输入或

5.2.5 公式的复制

在 Excel 工作表中创建公式以后，有时还需要将该公式复制到其他单元格，具体的操作如下。

第1步 打开"出差费用报销单.xlsx"文件，选中单元格 K3，然后单击【开始】选项卡【剪贴板】组中的【复制】按钮，此时选中的单元格边框显示为闪烁的虚线。

板】选项组中的【粘贴】按钮，即可将单元格 K3 的公式粘贴到目标单元格中，并且公式的值发生了变化。

第2步 选中目标单元格 K4，然后单击【剪贴

第3步 此时单元格 K3 仍处于复制状态，如果此时不需要再复制该单元格中的公式，只需要按【Esc】键即可。

5.2.6 使用"快速填充"进行公式复制

如果需要在多个单元格中复制公式，采用逐个复制的方法就会增加工作量，为了提高工作效率，可以使用"快速填充"的方法复制公式。使用"快速填充"进行公式复制的具体操作如下。

第1步 打开随书光盘中的"素材\ch05\出差费用报销单.xlsx"文件。选中单元格 K3，将鼠标指针移到此单元格的右下角，此时指针变成 ➕ 形状。

第2步 按住鼠标左键向下拖动至单元格 K12，即可将单元格 K3 的公式复制到后续单元格中，并自动计算出其他员工的报销金额。

5.3 单元格的引用

所谓单元格的引用就是引用单元格的地址，使其中的数据和公式联系起来。

5.3.1 相对引用

相对引用是指在把 Excel 工作表中含有公式的单元格复制到其他单元格中时，由于目标单元格的地址发生了变化，公式中所含单元格的地址也相对变化。使用相对引用的具体操作如下。

第1步 打开随书光盘中的"素材\ch05\出差费用报销单.xlsx"文件。

第2步 选中单元格 K3，此时其中的公式是"=F3+G3+H3+I3+J3"，将鼠标指针移到其右下角，当指针变成 ➕ 形状时，按住鼠标

左键向下拖动至单元格 K4，则单元格 K4 中的公式会变为"=F4+G4+H4+I4+J4"，其计算结果也发生变化。

5.3.2 绝对引用

所谓绝对引用是指在公式中单元格的行列坐标前添加"$"符号，这样，这个公式复制到任何地方，这个单元格的值都绝对不变。使用绝对引用的具体操作如下。

第1步 打开"出差费用报销单.xlsx"文件，双击单元格 K3，使其处于编辑状态，然后将此单元格中的公式更改为"=$F$3+$G$3+$H$3+$I$3+$J$3"。

右下角，当指针变成➕形状时，按住鼠标左键向下拖动至单元格 K4，则单元格 K4 中的公式仍然为"=$F$3+$G$3+$H$3+$I$3+$J$3"，即表示这种公式为绝对引用。

第2步 选中单元格 K3，并将鼠标指针移到其

5.3.3 混合引用

所谓混合引用就是指在一个单元格地址引用中，既有绝对地址引用，同时也包含相对地址的引用。使用混合引用的具体操作如下。

第1步 打开"出差费用报销单.xlsx"文件，双击单元格 K3，使其处于编辑状态，然后将此单元格中的公式更改为"=$F3+$G3+$H3+$I3+$J3"。

第2步 移动鼠标指针到单元格 K3 的右下角，当指针变成➕形状时向下拖动至单元格 K4，则单元格 K4 的公式则变为"=$F4+$G4+$H4+$I4+$J4"。

5.3.4 使用引用

引用的使用分为 4 种情况，即引用当前工作表中的单元格、引用当前工作簿中其他工作表中的单元格、引用其他工作簿中的单元格和引用交叉区域。本小节将为读者详细介绍这 4 种引用方式。

（1）引用当前工作表中的单元格。

引用当前工作表中的单元格地址可以直接输入该单元格的引用地址即可，具体的操作如下。

第1步 打开随书光盘中的"素材 \ch05\ 员工工资表.xlsx"文件。

第2步 选中单元格 H4，并输入"="。

第3步 接着输入"E4+"，此时单元格 E4 处于被引用状态。

第4步 按照上述操作在单元格 H4 中输入完整公式"=E4+F4+G4"。

第5步 按【Enter】键确认输入，即可自动计算出结果。

（2）引用当前工作簿中其他工作表中的单元格。

在同一个工作簿中除了引用本工作表中的单元格以外，还可以跨表引用单元格地址，具体的操作如下。

第1步 接上面的操作步骤，单击工作表标签"Sheet2"，进入"Sheet2"工作表中。

第2步 在打开的工作表中选中单元格 F3，并输入"="。

第3步 打开"Sheet1"工作表，选中单元格 H3，然后在编辑栏中输入"—"。

第4步 选择"Sheet2"工作表，可以看到编辑栏中显示公式"=Sheet1!H3-Sheet2!"，直接在公式后输入"E3"，此时编辑栏中将显示计算实发工资的公式"=Sheet1!H3-Sheet2!E3"。

第5步 按【Enter】键完成输入，即可通过跨工作表引用单元格数据而得出计算结果。

（3）引用其他工作簿中的单元格。

除了引用同一工作簿中的单元格以外，还可以引用其他工作簿中的单元格。用户需要注意的是在引用其他工作簿中的单元格数据时，应确保引用的工作簿是打开的。引用其他工作簿中单元格的具体操作如下。

第1步 启动 Excel 2016，新建一个空白文档，并打开随书光盘中"素材\ch05\员工工资表.xlsx"文件，最后在新建的空白工作表中选择单元格 A1，并输入"="。

第2步 切换到"员工工资表.xlsx"文件中的"Sheet1"工作表中，并选择单元格 H3。

第3步 按【Enter】键完成输入，即可在空白工作表中引用"员工工资表"中第一位员工的应发工资的数据。

（4）引用交叉区域。

在工作表中定义多个单元格区域，或者两个区域之间有交叉的范围，可以使用交叉运算符来引用单元格区域的交叉部分。例如，两个单元格区域 B3:D8 和 D6:F11，它们的相交部分可以表示成"B3:D8 D6:F11"。

| 提示 |

交叉运算符就是空格，使用空格将两个单元格区域隔开，就可以表示两个单元格的交叉部分。

5.4 使用名称简化公式

如果在输入的公式中将引用过多的单元格，为了输入公式的正确性，可以使用定义的名称来简化公式，从而避免少引用单元格而造成错误的计算结果。

5.4.1 定义名称

在使用名称简化公式之前，需要先定义名称。定义名称的具体操作如下。

第1步 打开随书光盘中的"素材 \ch05\ 出差费用报销单.xlsx"文件。

第 2 步 选中的单元格区域F3:J3,然后单击【公式】选项卡【定义的名称】组中的【定义名称】按钮。

第 3 步 打开【新建名称】对话框,然后在【名称】文本框中输入"张珊报销总金额",并在【引用位置】文本框中显示引用的单元格区域,单击【确定】按钮,即可完成自定义名称的操作。

第 4 步 依次单击【公式】→【定义的名称】→【名称管理器】菜单命令,打开【名称管理器】对话框,在对话框中可以查看自定义的名称。

5.4.2 在公式中引用名称

在完成名称的定义以后,就可以在输入公式时引用名称,从而简化公式的输入。在公式中引用名称的具体操作如下。

第 1 步 打开"出差费用报销单.xlsx"文件,并选中单元格 K3。

第 2 步 在选中的单元格中输入公式"=SUM(张珊报销总金额)",其中"张珊报销总金额"为定义的名称,在引用该名称以后,被定义的单元格区域处于引用状态。

第 3 步 按【Enter】键完成输入,即可通过在公式中引用名称而得出计算结果。

5.4.3 管理名称

管理名称包括新建名称以及对自定义的名称进行编辑和删除操作。管理名称的具体操作如下。

第1步 打开"出差费用报销单.xlsx"文件，然后依次单击【公式】→【定义的名称】→【名称管理器】菜单命令，即可打开【名称管理器】对话框，在该对话框中可进行新建、编辑和删除操作。

第2步 单击【新建】按钮，打开【新建名称】对话框，在【名称】文本框中输入"高珍珍报销总金额"。

第3步 单击【引用位置】文本框右侧的按钮"圖"，返回 Excel 工作界面，按住鼠标左键选中需要被引用的单元格区域，此时在【新建名称－引用位置：】对话框中显示被选中的单元格区域。

第4步 单击【新建名称－引用位置：】对话框中的按钮"圖"，即可返回到【新建名称】对话框，此时在【引用位置】文本框中显示该名称引用的单元格区域。

第5步 单击【确定】按钮，返回【名称管理器】对话框，在该对话框中显示自定义的名称"高珍珍报销总金额"。

第6步 如果需要对自定义的名称进行修改，先选中被修改的名称，然后单击【名称对话

框】中的【编辑】按钮，即可打开【编辑名称】
对话框，在其中可进行名称及引用位置的修
改，若是修改引用位置，可以按照上述操作
重新引用单元格。

第 7 步 如果需要删除定义的名称，可以先选
中该名称，然后单击【名称对话框】中的【删
除】按钮。

第 8 步 此时系统会弹出信息提示框，提示用
户是否要删除该名称。

第 9 步 单击【确定】按钮，将选中的名称从【名
称管理器】列表框中删除。

第 10 步 单击【名称管理器】中的【筛选】按
钮，从弹出的下拉菜单可以选择名称的筛选
条件，当满足筛选条件时，在【名称管理器】
列表框中将列出符号条件的名称。否则，【名
称管理器】列表框中为空，如这里选择【有
错误的名称】选项。

第 11 步 此时定义的名称中没有符号筛选条件
的名称，则【名称管理器】列表框中为空。

  审核计算公式是否正确

为了快速找出引用的单元格或输入公式的单元格，可以使用 Excel 提供的审核功能。

5.5.1 显示公式

显示公式有两种方法：一种是双击单元格显示公式；另一种是使用 Excel 提供的显示公式功能。显示公式的具体操作如下。

第1步 打开随书光盘中的"素材 \ch05\ 出差费用报销单 .xlsx"文件。

第2步 选中单元格 K3，然后单击【公式】选项卡【公式审核】组中的【显示公式】按钮。

第3步 即可将该单元格使用的公式显示出来。

第4步 如果双击单元格 K3，也会将该单元格中的公式显示出来。

第5步 如果需要隐藏显示的公式，可以按【Enter】键或单击【公式审核】组中的【显示公式】按钮，即可将公式隐藏起来，只显示计算结果。

5.5.2 公式错误检查与追踪

如果工作表中的公式出现错误，但又不知道出现错误的地方，可以使用 Excel 提供的公式审核功能来检查错误；如果需要查找引用的单元格，可以使用追踪功能来追踪引用的单元格或从属单元格。

公式错误检查和追踪的具体操作如下。

第1步 打开随书光盘中的"素材 \ch05\ 出差费用报销单 .xlsx"文件。然后依次单击【公式】→【公式审核】→【错误检查】菜单命令。

第2步 打开【错误检查】对话框，在其中可查看当前工作表中出现错误的具体位置以及错误原因，如果想查看全部的错误，则需依次单击【下一个】按钮。

第3步 追踪引用单元格。选中单元格 K3，然后单击【公式审核】组中的【追踪引用单元格】按钮。

第4步 即可看到一道由单元格 F3 指向 K3 的蓝色引用箭头。

第5步 如果需要取消箭头，只需单击【公式审核】选项组中的【移去箭头】按钮即可。

第6步 追踪从属单元格，即引用过该单元格数据的单元格。选中单元格 F3，然后单击【公式审核】选项组中的【追踪从属单元格】按钮。

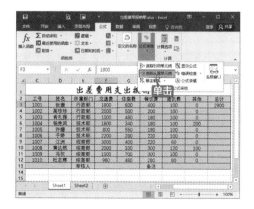

第7步 即可看到一个从单元格 F3 指向单元格 K3 的蓝色箭头，即单元格 F3 被单元格 K3 引用。

第 8 步 如果选中的单元格没有被其他单元格引用，则在单击【追踪从属单元格】按钮后，弹出信息提示框，提示未发现引用活动单元格的公式。

全年商品销量的计算

全年商品销量的计算在一个企业的工作中起着十分重要的作用，它可以帮助企业有效地掌握这一年以来的销量情况，然后对销量数据进行分析，最后合理规划下一年的商品生产量。在本案例中将运用本章所学的相关知识，包括公式的输入、公式的复制以及在公式中引用定义的名称等。

1. 创建工作簿

新建"制作全年商品销量统计表"工作簿，输入表格的内容如下。

2. 计算销售总量

选中单元格区域 C3:F3，定义名称为"康佳液晶电视销售总量"，在公式中引用名称。选中单元格 G3，并输入公式"=SUM（康佳液晶电视销售总量）"，此时在定义名称中引用的单元格区域四周出现蓝色粗线条。按【Enter】键确认公式的输入，即可自动计算出第一个产品的年度销售总量。在公式中引用单元格。选中单元格 G4，并输入公式"=SUM（C4+D4+E4+F4）"，此时被引用的单元格分别被选中。按【Enter】键确认公式的输入，即可自动计算出第二个产品的年

度销售总量。最后复制公式，自动计算出其他产品的年度销售总量。

3. 美化表格

设置边框效果，适当调整列宽，合并单元格区域 A1:G1，设置标题字体、字号和颜色，设置背景填充。

◇ 使用【Alt】键快速求和

除了输入公式求和以外，还可以使用 Alt 键快速求和，从而提高计算效率。使用快捷键快速求和的具体操作如下。

第1步 打开随书光盘中的"素材 \ch05\ 出差费用报销单 .xlsx"文件。

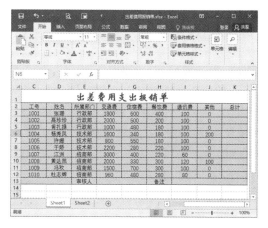

第2步 选中需要求和的单元格区域 F3：J3，然后利用组合键【Alt+=】即可自动在单元格 K3 中得出计算结果。

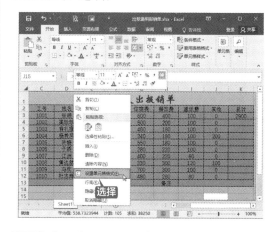

◇ 隐藏计算公式的技巧

当单击一个带有公式的单元格时，在编辑栏中就会显示具体使用的公式，但是有时候我们又不想让他人知道我们的计算方法，这时就有必要将公式隐藏起来。隐藏计算公式的具体操作如下。

第1步 打开随书光盘中的"素材 \ch05\ 出差费用报销单 .xlsx"文件。

第2步 选定带有公式的单元格 K3，然后利用组合键【Ctrl+A】选中整个工作表，此时右击鼠标，从弹出的下拉菜单中选择【设置单元格格式】选项。

第3步 即可打开【设置单元格格式】对话框，选择【保护】选项卡，然后分别取消【锁定】和【隐藏】的选中状态，单击【确定】按钮。

第4步 单击【确定】按钮，返回 Excel 工作界面，然后选定所有需要隐藏公式的单元格，并右击，从弹出的下拉菜单中仍然选择【设置单元格格式】选项，打开【设置单元格格式】对话框，选择【保护】选项卡，最后分别选中【锁定】和【隐藏】复选框。

第5步 单击【确定】按钮，返回Excel工作界面，然后单击【审阅】选项卡【更改】组中的【保护工作表】按钮。

第6步 打开【保护工作表】对话框，然后依次选中如下图所示的复选框，最后在【取消工作表保护时使用的密码】文本框中输入自定义密码。

第7步 单击【确定】按钮，打开【确认密码】对话框，在【重新输入密码】文本框中输入刚刚设置的密码。

第8步 单击【确定】按钮，即可完成隐藏公式的设置，再次选中单元格 K3，在编辑栏中将不再显示该单元格包含的公式。

◇ 快速定位包含公式的单元格

一张含有众多公式的 Excel 表格，如果逐个去查找包含公式的单元格就很麻烦，这时可以使用 Excel 提供的定位功能快速定位包含公式的单元格，具体的操作如下。

第1步 打开随书光盘中的"素材 \ch05\ 出差费用报销单 .xlsx"文件。然后单击【开始】选项卡【编辑】组中的【查找和替换】按钮，从弹出的下拉菜单中选择【定位条件】选项。

第2步 打开【定位条件】对话框，然后在该对话框中选择【公式】单选按钮，单击【确定】按钮。

第3步 返回 Excel 工作 界面，此时表格中所有含有公式的单元格都会被选中。

◇ 将文本型数字转换为数值

将文本型数字转换为数值的具体操作如下。

第1步 打开随书光盘中的"素材 \ch05\ 出差费用报销单 .xlsx"文件。

第2步 选中单元格区域 A2：A14，利用组合键【Ctrl+1】打开【设置单元格格式】对话框，默认显示为【数字】选项卡，然后在【分类】列表框中选择【常规】选项，单击【确定】按钮。

第3步 单击【确定】按钮，然后选中空白单元格 B2，按下组合键【Ctrl+C】复制，此时该单元格四周出现闪烁的边框线。

第4步 选中需要转换数据类型的单元格区域 A2：A14，并右击，从弹出的下拉菜单中选择【选择性粘贴】选项。

第5步 打开【选择性粘贴】对话框，然后选中【运算】区域内的【加】单选按钮。

第6步 单击【确定】按钮，将选中的单元格区域中的数字转换为数值。

第7步 为了更好地比较数字转换为数值之前以及之后的效果，下面将两组数据分开显示。

第6章
复杂数据的处理技巧——函数

本章导读

通过本章的学习，读者将对函数有一个全面的了解。本章首先介绍了函数的基本概念和输入，然后通过常见函数的使用来具体解析各个函数的功能，最后通过案例综合运用相关函数，从而为更好地使用函数奠定坚实的基础。

思维导图

6.1 公司员工工资薪酬表

企业的发展和薪酬的管理相辅相成。一般情况下，员工工资薪酬表是由人力资源部门来制作的，该表主要包括基本工资、津贴福利、本月奖金、补贴及代扣代缴保险个税等内容。

实例名称：公司员工工资薪酬表	
实例目的：作为公司员工的发放工资的标准	
素材	素材 \ch06\ 员工工资薪酬表表 .xlsx
结果	结果 \ch06\ 公司员工工资薪酬表 .xlsx
录像	视频教学录像 \06 第 6 章

6.1.1 案例概述

制作员工工资薪酬表时，需要注意以下几点。

1. 格式统一

区分标题字体和表格内的字体，统一表格内字体的样式（包括字体、字号、颜色等）。否则表格内容将显得杂乱。

2. 美化表格

在员工工资薪酬表制作完成后，还需要进行美化操作，使其看起来更加美观。包括设置边框、调整行高列宽、设置标题、设置对齐方式等内容。

3. 正确使用公式

在计算员工工资薪酬表中的应发工资、代缴个税和实发工资时，应注意公式和函数的正确使用方法，避免输入错误的数据。

6.1.2 设计思路

制作员工工资薪酬表时可以按以下的思路进行。

（1）输入表格标题及具体内容。

（2）设置边框和填充效果、调整列宽和行高。

（3）设置文本对齐方式，统一格式。

（4）合并单元格并设置标题效果。

（5）使用函数计算工作表中的应发工资、代缴个税和实发工资。

6.1.3 涉及知识点

本案例主要涉及以下知识点。

（1）插入函数。

（2）使用函数计算相关数据。

6.2 函数的应用技巧

Excel 函数实际上就是已经定义好的公式，它不仅可以将复杂的数学表达式简单化，而且还可以获得一些特殊的数据。灵活调用 Excel 中的函数，可以帮助用户提高分析和处理数据的效率。

6.2.1 函数的组成和参数类型

在 Excel 中，一个完整的函数式通常由标识符、函数名和函数参数 3 部分构成。

1. 标识符

在单元格中输入计算函数时，必须先输入"="，这个"="称为函数的标识符。如果不输入"="，Excel 通常将输入的函数式作为文本处理，不返回运算结果。如果输入"+"或"－"，Excel 也可以返回函数式的结果，确认输入后，Excel 在函数式的前面自动添加标识符"="。

2. 函数名称

函数标识符后的英文是函数名称。大多数函数名称对应英文单词的缩写。有些函数名称是由多个英文单词(或缩写)组合而成的，如条件计数函数 COUNTIF 由计数 COUNT 和条件 IF 组成。

3. 函数参数

函数参数主要有以下几种类型。

（1）常量。参数主要包括数值（如123.45）、文本（如计算机）、日期（如2016-5-20）等。

（2）逻辑值。参数主要包括逻辑真（TRUE）、逻辑假（FALSE）以及逻辑判断表达式（例如，单元格 A1 不等于空表示为"A1<>()"）的结果等。

（3）单元格引用。参数主要包括单个单元格的引用和单元格区域的引用。

（4）名称。在工作簿文档中各个工作表中自定义的名称，可以作为本工作簿内的函数参数直接引用。

（5）其他函数式。用户可以将一个函数式的返回结果作为另一个函数式的参数。对于这种形式的函数式，通常称为"函数嵌套"。

（6）数组参数。数组参数可以是一组常量（ 如 2 , 4 , 6 ），也可以是单元格区域的引用。如果一个函数涉及多个参数，则用英文状态下的逗号将每个参数隔开。

6.2.2 函数的分类

Excel 2016 提供了丰富的内置函数，按照函数的分类可分为 13 大类，各类函数的功能描述见下表。

函数类型	功能简介
财务函数	进行一般的财务计算
日期和时间函数	可以分析和处理日期及时间
数学与三角函数	可以在工作表中进行简单的计算
统计函数	对数据区域进行统计分析
查找与引用函数	在数据清单中查找特定数据或查找一个单元格引用
数据库函数	分析数据清单中的数值是否符合特定条件

续表

函数类型	功能简介
文本函数	在公式中处理字符串
逻辑函数	进行逻辑判断或者复合检验
信息函数	确定存储在单元格中数据的类型
工程函数	用于工程分析
多维数据集函数	用于从多维数据库中提取数据集和数值
兼容函数	这些函数已由新函数替换，新函数可以提供更好的精确度，且名称更好地反映其用法
Web 函数	通过网页链接直接用公式获取数据

6.2.3 插入函数

在 Excel 工作表中插入函数可以使用函数向导插入，具体的操作如下。

第1步 打开随书光盘中的"素材\ch06\销量统计表.xlsx"文件。

第2步 插入求和函数。选择单元格 F3，然后单击【公式】按钮，在【函数库】选项组中单击【插入函数】按钮。

第3步 打开【插入函数】对话框，然后在【或

选择类别】列表框中选择【常用函数】选项，最后在【选择函数】列表框中选择【SUM】选项，单击【确定】按钮。

第4步 即可打开【函数参数】对话框，并且在【Number1】文本框中自动显示求和函数引用的单元格区域"C3:E3"，单击【确定】按钮。

第5步 在选中的单元格中得出计算结果。

第6步 按照相同的方法在单元格 F4 中插入相

同的函数，求出第二季度的销售总额。

6.2.4 函数的嵌套

函数的嵌套是指用一个函数式的返回结果作为另一个函数式的参数，在 Excel 中使用函数套用的具体操作如下。

第1步 打开"销量统计表.xlsx"文件，选中单元格 C5。

第2步 依次选择【插入】→【函数库】→【插入函数】菜单命令，打开【插入函数】对话框，在【或选择类别】列表框中选择【统计】选项，在【选择函数】列表框中选择【AVERAGE】选项。

第3步 单击【确定】按钮，打开【函数参数】对话框，在【Number1】文本框中输入第一个参数"SUM(C3:E3)"，然后在【Number2】文本框中输入第二个参数"SUM(C4:E4)"。

第4步 单击【确定】按钮，在选中的单元格中计算出季度平均销售额。

| 提示 |

　　如果在【函数参数】对话框中只设置一个 Number 参数，并将其设置为 SUM（C3:E3），则计算的结果会出现错误，这是因为计算平均数至少要有两个参数，如果只有一个参数，计算平均值将没有任何意义。

6.3 文本函数

　　文本函数是用来处理文本字符串的一系列函数，使用文本函数可以转换字符的大小写、合并字符串以及返回特定的值等。文本函数较多，下面以常用的 LEN 函数和 FIND 函数进行说明。

6.3.1 LEN 函数：从身份证中提取性别信息

　　在员工基本信息统计表的制作过程中，可利用 LEN 函数从输入的员工身份证号中提取性别信息，具体的操作如下。

第1步 打开随书光盘中的"素材 \ch06\ 员工基本信息统计表.xlsx"文件。

第2步 编制公式提取员工性别。选中单元格 H3，并输入公式"=IF(LEN(F3)=15,IF(MOD(MID(F3,15,1),2)=1,"男"，"女"),IF(MOD(MID(F3,17,1),2)=1,"男","女"))"。

第3步 按【Enter】键确认输入，在选中的单元格中提取出第一位员工的性别信息。

第4步 复制公式。选中单元格 H3，并鼠标指针移到其右下角，当指针变成 ✚ 形状时，按住鼠标左键向下拖动至单元格 H12，完成公式的复制。

| 提示 | ∷∷∷∷∷∷

　　6.3.1 小节主要运用的函数有 LEN。其介绍如下。

　　基本功能：计算目标字符中的字符数。

　　语法结构：LEN (text)。

　　参数说明：text 是目标字符串。

6.3.2 TEXT、MID 函数：从身份证中提取出生日期

　　除了从输入的员工身份证号中提取性别信息以外，还可以使用 TEXT、MID 函数提取出生日期等有效信息。从身份证中提取出生日期的具体操作如下。

第1步 打开"员工基本信息统计表"工作表，并选中单元格 G3。

第3步 复制公式。使用填充柄将单元格 G3 的公式复制到后续单元格中，从而提取出其他员工的出生日期信息。

第2步 编制公式提取员工出生日期。在单元格 G3 中输入公式"=TEXT(MID(F3,7,6+(LEN(F3)=18)*2),"#-00-00")"，按【Enter】键完成输入，即可提取出第一位员工的出生日期。

| 提示 |

在此小节主要运用的函数有 TEXT、MID。其相关介绍如下。

TEXT 函数

基本功能：将一数值转换为按指定格式表示的文本的函数。

语法结构：TEXT(value,format_text)

参数说明：value 可以是数值、计算结果为数值的公式或对数值单元格的引用；format_text 是所要选用的文本格式。

MID 函数

基本功能：在目标字符串中指定一个开始位置，按设定的数值返回该字符串中的相应数目字符内容。

语法结构：MID(text,start_num,num_chars)

参数说明：text 是目标字符串；

start_num 是字符串中开始的位置；

num_chars 指设定的数目，MID 函数将按此数目返回相应的字符个数。

6.4 日期与时间函数

日期与时间函数用于分析、处理日期和时间值。本节以常用的 TODAY 函数、YEAR 函数为例说明。

6.4.1 TODAY 函数：显示填写报表的日期

TODAY 函数用于返回当前系统显示的日期。当需要在 Excel 工作表中获取当前日期时，就可以使用 TODAY 函数，具体的操作如下。

第1步 打开"员工基本信息统计表"工作表。

第2步 选中单元格 J13，然后依次单击【公式】→【函数库】→【插入函数】菜单命令，打开【插

入函数】对话框，在【或选择类别】下拉菜单中选择【日期与时间】选项，在【选择函数】列表框中选择【TODAY】函数。

第3步 单击【确定】按钮,打开【函数参数】对话框,并提示用户该函数不需要参数。

第4步 单击【确定】按钮,即可在工作表中获取当前系统显示的日期。

6.4.2 YEAR 函数:计算年龄

员工年龄可由 Excel 中的 YEAR 函数计算得出,即当前系统的日期减去出生日期。使用 YEAR 函数计算员工年龄的具体操作如下。

第1步 打开"员工基本信息统计表"工作表,并选中单元格 I3,然后单击编辑栏左侧的【插入函数】按钮"*fx*"。

第2步 打开【插入函数】对话框,在【或选择类别】列表框中选择【日期与时间】选项,在【选择函数】列表框中选择【YEAR】选项。

第3步 单击【确定】按钮,打开【函数参数】对话框,在【Serial_number】文本框中输入"Now()"。

第4步 单击【确定】按钮,即可在选中的单元格中显示当前系统的年份为"2016",并且在编辑栏中显示使用的公式。

第 5 步 双击单元格 I3，使其处于编辑状态，然后在该单元格中继续输入完整的公式 "=YEAR(NOW())−YEAR(G3)"。

第 6 步 按【Enter】键确认输入，即可在选中

的单元格中计算出第一位员工的年龄。

第 7 步 复制公式。使用填充柄将单元格 I3 的公式复制到后续单元格中，从而计算出其他员工的年龄。

6.5 逻辑函数

逻辑函数用来进行逻辑判断或者复合检验，逻辑值包括真（TRUE）和假（FALSE）。

6.5.1 AND 函数：判断员工是否完成工作量

AND 为返回逻辑值函数，如果所有的参数值均为逻辑"真（TRUE）"，则返回逻辑"真（TRUE）"，反之返回逻辑"假（FALSE）"。该函数的相关介绍如下。

格式：AND(logical1,logical2,…)。

参数：logical1,logical2,…表示待测试的条件值或表达式，最多为 255 个。

使用 AND 函数判断员工是否完成工作量的具体操作如下。

第1步 打开随书光盘中的"素材 \ch06\ 员工销售业绩表.xlsx"文件。

第2步 根据表格的备注信息，在单元格 F3 中输入公式"=AND（B3 > 15000,C3 > 15000,D3 > 15000,E3 > 15000）"，然后按【Enter】键确认公式的输入，即可在选中单元格中返回判断结果。

第3步 复制公式。利用快速填充功能，判断其他员工工作量的完成情况。

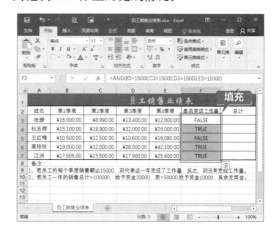

| 提示 |

　　在上述公式中输入的四个参数需要同时作为 AND 函数的判断条件，只有同时成立，才能返回 TRUE，否则返回 FALSE。

6.5.2 IF 函数：计算业绩提成奖金

　　IF 函数是根据指定的条件来判断真假结果，返回相对应的内容。该函数的相关介绍如下。
　　格式：IF(logical,value_if_true,value_if _false)。
　　参数：logical 代表逻辑判断表达式；value_if_true 表示当判断条件为逻辑"真（TRUE）"时的显示内容，如果忽略此参数，则返回"0"；value_if_false 表示当判断条件为逻辑"假（FALSE）"时的显示内容，如果忽略，则返回"FALSE"。

　　使用 IF 函数来计算员工业绩提成奖金的具体操作如下。

第1步 打开"员工销售业绩表"工作表，然后选中单元格 G3。

第2步 在单元格 G3 中输入公式"=SUM(B3+C3+D3+D3)"，按【Enter】键完成输入，即可计算出第一位员工的销售业绩总额。

第3步 复制公式。利用快速填充功能，计算出其他员工的销售业绩总额。

第4步 根据表格中的备注信息，使用 IF 函数计算奖金。选中单元格 H3，并输入公式"=IF(G3>100000,20000,IF(G3>50000,10000,0))"，然后按【Enter】键完成输入，即可计算出第一位员工的提成奖金。

第5步 复制公式。利用快速填充功能，计算出其他员工的业绩提成奖金。

6.6 查找与引用函数

Excel 提供的查找和引用函数可以在单元格区域查找或引用满足条件的数据，特别是在数据比较多的工作表中，用户不需要指定具体的数据位置，让单元格数据的操作变得更加灵活。

6.6.1 VLOOKUP 函数：从另一个工作表提取数据

用户如果需要在多张表格中输入相同的信息，逐个输入会很烦琐，而且可能会造成数据错误，这时可以使用 Excel 中的 VLOOKUP 函数从工作表中提取数据，从而简化输入工作。

使用 VLOOKUP 函数从工作表中提取数据的具体操作如下。

第1步 打开随书光盘中的"素材 \ch06\ 销售业绩表.xlsx"文件。

第2步 单击工作表标签"销售业绩"，进入"销售业绩"工作表中，并选中单元格 B2，然后单击【公式】选项卡【函数库】组中的【插入函数】按钮。

第3步 打开【插入函数】对话框，在【或选择类别】下拉菜单中选择【查找与引用】选项，然后在【选择函数】列表框中选择【VLOOKUP】函数。

第4步 单击【确定】按钮，打开【函数参数】对话框，在【lookup_value】文本框中输入"员工基本信息"工作表中的单元格"A2"，在【Table_array】文本框中输入"员工基本信息！A1:B9"，在【Col_index_num】文本框中输入"2"。

第5步 单击【确定】按钮，即可在单元格 B2 中显示工号为"1001"的员工姓名"张珊"。

第6步 复制公式。利用快速填充功能，提取出其他员工工号对应的员工姓名信息。

6.6.2 LOOKUP 函数：从向量数组中查找一个值

Lookup 函数分为向量型查找和数组型查找。在一列或一行中查找某个值，称为向量型查找，在数列或数行中查找称为数组型查找。有关向量型查找和数组型查找的相关介绍如下。

1. 向量型查找

语法：LOOKUP(lookup_value,lookup_vector,result_vector)。

参数：lookup_value 为必需参数，是 LOOKUP 在第一个向量中搜索的值。lookup_value 可以是数字、文本、逻辑值、名称或对值的引用。

lookup_vector 为必需参数，只包含一行或一列的区域。lookup_vector 的值可以是文本、数字或逻辑值。

result_vector 为可选参数，只包含一行或一列的区域。result_vector 参数必须与 lookup_vector 大小相同。

2. 数组型查找

语法：LOOKUP(lookup_value,array)。

参数：lookup_value 为必需参数，是 LOOKUP 在数组中搜索的值。lookup_value 可以是数字、文本、逻辑值、名称或对值的引用。

array 是必需参数，包含要与 lookup_value 进行比较的数字、文本或逻辑值的单元格区域。

使用 LOOKUP 函数从检索信息中查找各员工的销售额，具体的操作如下。

第1步 打开"销售业绩"工作表。

第2步 选中单元格 D12，并输入公式 "=LOOKUP(B12,A2:F10)"，然后按【Enter】键确认输入，即可检索出员工号为"1005"的员工销售总额。

| 提示 |

使用向量型查找时，在单元格 D12 中输入的公式为"=LOOKUP(B12,A2:A10, F2:F10)"。

6.7 数学与三角函数

Excel 2016 中包含了许多数学函数和三角函数，每个函数都有其不同的用途，在一些较为复杂的数学运算中，使用这些函数可以提高运算速度，同时也能丰富运算方法。本节将以 SUM 函数为例，对应发工资进行求和处理。

SUM 函数主要用于求和，使用 SUM 函数对应发工资进行求和的具体操作如下。

第1步 打开随书光盘中的"素材 \ch06\ 员工工资薪酬表.xlsx"文件。

第2步 选中单元格 I3，并输入公式"=SUM（E3:H3）"，按【Enter】键完成输入，即可计算出第一位员工的应发工资。

第3步 复制公式。利用快速填充功能，计算出其他员工的应发工资。

ROUND 函数用来对数值进行四舍五入，其语法格式和参数说明如下。

语法：ROUND(number, num_digits)。

参数：number 表示需要进行四舍五入的数值。

num_digits > 0 时，表示取小数点后对应位数的四舍五入数值；num_digits=0 时，表示则将数字四舍五入到最接近的整数；num_digits < 0 时，表示对小数点左侧前几位进行四舍五入。

使用 ROUND 函数将表中的数值进行四舍五入的具体操作如下。

第1步 启动 Excel 2016，新建一个空白文档，然后在新工作表中输入如下图所示的参数。

第2步 选中单元格 C2，并输入公式"=ROUND(B2,C2)"，然后按【Enter】键完成输入，即可返回该小数取整后的计算结果。

第3步 复制公式。利用快速填充功能，计算出该小数保留指定位数后的四舍五入结果。

6.8 统计函数

统计函数是从各个角度去分析数据，并捕捉统计数据所有特征的函数。使用统计函数能够大大缩短工作时间，从而提高工作效率。本节将以函数 COUNTA、MAX 和 ROUND 函数说明为例。

6.8.1 COUNTA 函数：计算指定区域中非空白单元格的个数

COUNTA 函数的相关介绍如下。

语法：COUNTA(value1,[value2], ...)。

参数：value1 为必需参数，表示要计算的值的第一个参数。

value2, ... 为可选参数，表示要计算的值的其他参数，最多可包含 255 个参数。

使用 COUNTA 函数来统计"员工工资薪酬表"中非空白单元格的个数，具体的操作如下。

第1步 打开"员工工资薪酬表"工作表，然后在单元格 B14 中输入"选定区域中非空白单元格的个数："。

第2步 选中单元格 E14，并输入公式"=COUNTA(A2:L12)"，按【Enter】键完成输入，即可计算出选定区域中非空单元格为 113 个。

6.8.2 MAX 函数：计算个人所得税

根据公式计算出企业员工应发工资后，就可以使用 MAX 函数计算员工个人所得税代缴金额了，具体的操作如下。

第1步 打开"员工工资薪酬表"工作表，选中单元格 K3。

第2步 在选中的单元格中输入公式"=ROUND (MAX((I3−3500)* {0.03,0.1,0.2,0.25,0.3, 0.35,0.45} −{0,105,555,1005,2755,5505, 13505},0),2)"，然后按【Enter】键完成输入，即可计算出第一位员工的应纳税额。

第3步 复制公式。利用快速填充功能，计算出其他员工的个人所得税。

6.8.3 ROUND 函数：对实发工资进行求和

一般情况下，个人的实发工资是应发工资减去代缴保险和代缴个人所得税金额后的余额。在计算出员工的应发工资和个人所得税金额后，就可以使用 ROUND 函数计算员工的实发工资，具体的操作如下。

第1步 打开"员工工资薪酬表"工作表，选中单元格 L3。

第2步 在 L3 中输入公式"=ROUND(I3−J3−K3,2)"，按【Enter】键完成输入，即可计算出第一位员工的实发工资。

第3步 复制公式。利用快速填充功能，计算出其他员工的实发工资。

第4步 单击【保存】按钮，将计算结果保存。

6.9 批量制作员工工资条

在员工工资薪酬表制作完成后，人力资源部门还需要为每个员工制作一个工资条，该工资条是发给员工的发薪凭证。批量制作员工工资条的方法有多种，下面将为用户介绍如何使用 VLOOKUP 函数和 IF 函数来制作员工工资条。

6.9.1 利用 VLOOKUP 函数批量制作工资条

在利用 VLOOKUP 函数批量制作工资条时，用到了 COLUMN 函数，该函数用于返回目标单元格或单元格区域的序列号。其相关介绍如下。

语法：COLUMN (reference)。

参数：reference 为目标单元格或单元格区域。

利用 VLOOKUP 函数批量制作工资条的具体操作如下。

第1步 打开随书光盘中的"素材 \ch06\ 员工工资薪酬表.xlsx"文件。

第2步 新建工作表。单击"员工工资薪酬表"右侧的【新工作表】按钮，插入一个新的工作表，然后将新工作表重命名为"VLOOKUP 函数法"。

第3步 将"员工工资薪酬表"中的单元格区域 A1:L2 中的内容复制到"VLOOKUP 函数法"工作表中。

第4步 编制 VLOOKUP 函数公式制作工资条。打开"VLOOKUP 函数法"工作表，选中单元格 A3，并输入"1"。

第5步 在当前工作表中选择单元格 B3，输入公式"=VLOOKUP($A3,员工工资薪酬表!$A$3:$L$12,COLUMN(),0)"，然后按回车键完成输入，此时在单元格 B3 中将显示第一位员工的工号"1001"。

第6步 复制公式。选中单元格 B3，然后将鼠标指针移到其右下角，当指针变成 ✚ 形状时，按住鼠标左键不放向右拖动至单元格 L3，然后释放鼠标，即可在后续单元格中自动填充该员工的其他信息。

第7步 设置边框。选中单元格区域 A3:L3，利用组合键【Ctrl+1】打开【设置单元格格式】对话框，然后依次单击【预置】区域内的【外边框】和【内部】按钮。

第8步 单击【确定】按钮，为选中的单元格区域设置边框。

第9步 批量复制工资条。选中单元格区域 A2:L4，并将鼠标指针移到选中单元格区域的右下角，当指针变成 ✚ 形状时，按住鼠标左键不放，向下拖动至单元格 L30，然后释放鼠标，即可完成工资条的批量制作。

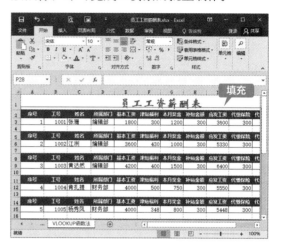

6.9.2 利用 IF 函数嵌套批量制作工资条

在利用 IF 函数嵌套批量制作工资条时用到了 MOD、ROW、INDEX 函数。

（1）MOD 函数。求解对目标数值除以指定数后的余数，余数的符号和除数相同。

语法：MOD (number,divisor)。

参数：number 为目标数值；divisor 为指定数，作为除数。

（2）ROW 函数。返回目标单元格或目标单元格区域的行序号，该函数的功能和 COLUMN 函数的功能相反，前者是返回行序号，后者是返回列序号。

语法：ROW (reference)。

参数：reference 为目标单元格或单元格区域。

（3）INDEX 函数。返回表格或区域中的值或值的引用，函数 INDEX 有两种形式：数组形式和引用形式。

语法：INDEX(array,row_num,column_num)。

参数：array 为单元格区域或数组常量；

　　　column_num 数组中某行的行号，函数从该行返回数值。如果省略 row_num，则必须有 column_num；Column_num 数组中某列的列标，函数从该列返回数值。如果省略 column_num，则必须有 row_num。

利用 IF 函数嵌套批量制作工资条的具体操作如下。

第1步 打开"员工工资薪酬表"工作表，单击【新工作表】按钮⊕，新建一个工作表，将其重命名为"IF 函数法"。

第2步 编制 IF 嵌套公式。选中单元格 A1，输入公式"=IF(MOD(ROW(),3)=0,"",IF(MOD(ROW(),3)=1,员工工资薪酬表!A$2,INDEX(员工工资薪酬表!$A:$L,(ROW()+4)/3+1,COLUMN()))))"，按回车键完成输入，即可在选中的单元格中输出结果"序号"。

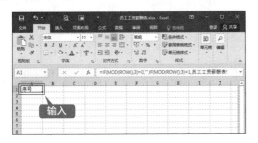

第3步 向右复制公式。选中单元格 A1，利用

自动填充功能向右复制公式至单元格 L1，即可得出表格中的其他各个项目名称。

第4步 向下复制公式。选中单元格区域 A1:L1，然后利用自动填充功能向下复制公式至单元格 L29，即可批量制作其他员工的工资条。

6.10 其他常用函数的应用

除了上述介绍的函数外，Excel 2016 还提供了其他的一些函数，包括信息函数、工数函数、兼容性函数和 Web 函数等，本节将为用户介绍这几种函数的具体应用。

6.10.1 信息函数

信息函数可以使单元格在满足条件时返回逻辑值，从而获取单元格的信息，还可以确定存储在单元格中的内容的格式、位置、错误类型等信息。

本节介绍使用 TYPE 函数。TYPE 函数用于检测数据的类型。如果检测对象是数值，则返回 1；如果是文本，则返回 2；如果是逻辑值，则返回 4；如果是公式，则返回 8；如果是误差值，则返回 16；如果是数组，则返回 64。具体的操作如下。

第1步 启动 Excel 2016，新建一个空白文档，输入如下图所示的内容。

	A	B	C
1	数据	数据类型	
2	1234		
3	文本		
4	TRUE		
5			
6			

第2步 选中单元格 B2，输入"=TYPE(A2)"，按【Enter】键完成输入，即可返回相应的数据类型。

	A	B	C
1	数据	数据类型	
2	1234	1	
3	文本		
4	TRUE		
5			
6			

第3步 复制公式。利用快速填充功能，查看不同数据的返回类型。

	A	B	C
1	数据	数据类型	
2	1234	1	
3	文本	2	
4	TRUE	4	
5			
6			

第4步 选中单元格 B5，输入公式"=TYPE(A2+A3)"，按【Enter】键确认输入，即可返回数据类型为"16"。

	A	B	C
1	数据	数据类型	
2	1234	1	
3	文本	2	
4	TRUE	4	
5		16	
6			
7			

第5步 选中单元格 B6，输入公式"=TYPE({1,2,3,4})"，按【Enter】键确认输入，即可返回数据类型"64"。

	A	B	C
1	数据	数据类型	
2	1234	1	
3	文本	2	
4	TRUE	4	
5		16	
6		64	
7			

6.10.2 工程函数

工程函数主要分为 3 类：①对复数进行处理的函数；②在不同的数字系统间进行数值转换的函数（如十进制系统、十六进制系统、八进制系统和二进制系统）；③在不同的度量系统中进行数值转换的函数。

本节将使用 BIN2DEC 函数将二进制数转换为十进制数。

语法：BIN2DEC (number)。

参数：number 为待转换的二进制数，Number 的位数不能多余 10 位（二进制位），最高位为符号位，后 9 位为数字位。负数用二进制补码表示。

使用 BIN2DEC 函数将二进制数转换为十进制数的具体操作如下。

第1步 启动 Excel 2016，新建一个空白文档，输入如下图所示的内容。

	A	B	C
1	二进制数	十进制数	
2	1		
3	10		
4	11		
5	100		
6	101		

第2步 选中单元格 B2，输入公式 "=BIN2DEC(A2)"，按【Enter】键完成输入，即可将二进制数 "1" 转换为十进制数 "1"。

	A	B
1	二进制数	十进制数
2	1	1
3	10	
4	11	
5	100	
6	101	

第3步 复制公式。利用快速填充功能，将其他二进制数转换为十进制数。

	A	B	C
1	二进制数	十进制数	
2	1	1	
3	10	2	
4	11	3	
5	100	4	
6	101	5	
7	110	6	
8	111	7	
9	1000	8	
10			

6.10.3 兼容性函数

在 Excel 2016 中，兼容性函数是替换了旧版本函数的新函数，因而可以提供更好的精确度。这些函数仍然可与早期版本的 Excel 兼容。如果不需要向下兼容，那么最好使用新函数。

本节主要介绍兼容性函数中的 BINOMDIST 函数。

语法：BINOMDIST(number_s,trials,probability_s,cumulative)。

参数：Number_s 为必需参数，为试验的成功次数。

trials 为必需参数，表明独立试验次数。

probability_s 为必需参数，表明每次试验成功的概率。

cumulative 为必需参数，决定函数形式的逻辑值。如果 cumulative 为 TRUE，则 BINOMDIST 返回累积分布函数，即最多存在 number_s 次成功的概率；如果为 FALSE，则返回概率密度函数，即存在 number_s 次成功的概率。

使用 BINOMDIST 函数计算概率的具体操作如下。

第1步 启动 Excel 2016，新建一个空白文档，输入如下图所示的内容。

	A	B	C	D
1	实验成功次数	实验次数	每次实验成功概率	最终概率
2	9	15	0.6	
3	30	70	0.4	
4	10	30	0.3	
5	8	20	0.4	
6	2	8	0.25	

第2步 选中单元格 D2,输入公式 "=BINOMDIST (A2,B2,C2,FALSE)"，按回车键完成输入，即可计算出 15 次实验正好成功 9 次的概率。

	A	B	C	D
1	实验成功次数	实验次数	每次实验成功概率	最终概率
2	9	15	0.6	0.20659761
3	30	70	0.4	
4	10	30	0.3	
5	8	20	0.4	
6	2	8	0.25	

第3步 复制公式。利用快速填充功能，完成其他单元格的计算。

	A	B	C	D
1	实验成功次数	实验次数	每次实验成功概率	最终概率
2	9	15	0.6	0.20659761
3	30	70	0.4	0.08530012
4	10	30	0.3	0.1415617
5	8	20	0.4	0.17970579
6	2	8	0.25	0.3114624
7				

6.10.4 Web 函数

Web 函数是从 Excel 2016 版本中新增的一个函数类别，它可以通过网页链接直接用公式获取数据。常用的 Web 函数有 ENCODEURL 函数和 FILTERXML 函数，本节主要介绍 ENCODEURL 函数，该函数的相关介绍如下。

功能：对 URL 地址（主要是中文字符）进行 UTF- 8 编码。

语法：ENCODEURL(text)

参数：text 表示需要进行 UTF- 8 编码的字符或包含字符的引用单元格。

第 1 步 启动 Excel 2016，新建一个空白文档，输入如图所示的内容。

第 2 步 选中单元格 B2 输入公式"=ENCODEURL(A2)"，按【Enter】键完成输入。

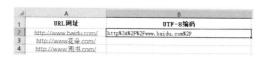

第 3 步 复制公式。利用快速填充功能，完成其他单元格的操作。

制作凭证明细查询表

通过对本章相关函数的学习，将综合运用所学知识来制作凭证明细查询表，具体操作如下。

1. 创建工作簿

新建一个空白文档，将工作表"Sheet1"重命名为"明细查询表"，保存该工作簿，并在保存过程中将其重命名为"财务明细查询表"。选中单元格 A1，输入"财务明细查询表"，按【Enter】键完成输入，按照相同的方法在其他单元格中分别输入表格的具体内容。

2. 创建工作表"数据源"

插入一个新的工作表，将该工作表重命名为"数据源"，在工作表中输入如下图所示的内容。

3. 使用函数

打开"明细查询表"工作表，在单元格 E3 中插入 VLOOKUP 函数，即可在单元格 E3 中返回科目代码对应的科目名称"应付账款"。然后利用自动填充功能，完成其他单元格的操作。

4. 计算支出总额

选中单元格区域 F3:F12，设置【数字格式】为货币格式。选中单元格 F13，输入公式"=SUM（F3:F12）"，按【Enter】键确认输入，即可计算出支出金额总计。

5. 查询财务明细

选中单元格 B15，并输入需要查询的凭

◇ 使用邮件合并批量制作工资条

批量制作工资条的方法有多种，除了本章介绍的使用 VLOOKUP 函数和 IF 函数批量制作工资条以外，还可以使用邮件合并的方法。使用邮件合并批量制作工资条的具体操作步骤如下。

证号，如这里输入"6"，然后在单元格 D15 中输入公式"=LOOKUP(B15,A3:F12)"，按【Enter】键确认输入，即可检索出凭证号为"6"的支出金额。

6. 美化报表

设置单元格区域 A2:G13 的边框，适当调整列宽，合并单元格 A1:G1，设置对齐方式，设置标题属性，填充背景色，设置单元格样式，完成财务明细查询表的美化操作。

第1步 启动 Word 2016，新建一个空白文档，插入 2 行 15 列的表格，输入工资表头。

第2步 单击【邮件】选项卡【开始邮件合并】组中的【选择收件人】按钮，从弹出的下拉菜单中选择【使用现有列表】选项。

第3步 打开【选取数据源】对话框，在该对话框中找到"员工工资薪酬表.xlsx"文件保存的位置，然后选择该文件。

第4步 单击【打开】按钮，打开【选择表格】对话框，在该对话框中选择"员工工资薪酬表"工作表。

第5步 单击【确定】按钮，返回 Word 文档中，单击【邮件】选项卡【编写和插入域】组中的【插入合并域】按钮，从弹出的下拉菜单中依次插入相关字段的域。

第6步 单击【邮件】选项卡【完成】组中的【完成并合并】按钮，从弹出的下拉菜单中选择【编辑单个文档】选项。

第7步 打开【合并到新文档】对话框，选中【合并记录】区域内的【全部】单选按钮。

第8步 单击【确定】按钮，即可自动新建一个"信函1"的文档，在该文档中包含所有员工的工资条。

第9步 启动 Excel 2016，新建一个空白文档，利用组合键【Ctrl+A】选中"信函1"文档中的所有内容将其复制到 Excel 工作表中，即可查看所有员工工资条。至此，就完成了批量制作工资条的操作。

◇ 函数参数的省略与简写

在使用函数时，将函数的某一参数连同其前面的逗号一并去除，称为"省略"该参数的标识，在参数提示框中，用 [] 括起来的参数，表示可以省略；在使用函数时，将函数的某一参数仅仅使用逗号占据其位置而部输入具体参数值，则称为"简写"。

函数参数省略对照见下表。

函数名称	参数位置	参数说明	参数省略默认情况
IF	第三参数	判断错误返回值	返回 FALSE
LOOKUP	第三参数	返回值区域	返回第二个参数对应数字
MATCH	第三参数	查找方式	模糊查找
VLOOKUP	第四参数	查找方式	模糊查找
HLOOKUP	第四参数	查找方式	模糊查找
INDIRECT	第二参数	引用样式	A1 引用样式
FIND	第三参数	查找位置	从数据源第一个位置开始查找
FINDB	第三参数	查找位置	从数据源第一个位置开始查找
SEARCH	第三参数	查找位置	从数据源第一个位置开始查找
SEARCHB	第三参数	查找位置	从数据源第一个位置开始查找
LEFT	第二参数	提取个数	从数据源左侧提取一个字符
LEFTB	第二参数	提取个数	从数据源左侧提取一个字符
RIGHT	第二参数	提取个数	从数据源左侧提取一个字符
FIGHTB	第二参数	提取个数	从数据源左侧提取一个字符
SUBSTITUT	第四参数	替换第几个区域	用新字符替换全部旧字符
SUMIF	第三参数	求和区域	对第一参数进行条件求和

函数参数简写对照见下表。

函数名称	参数位置	参数说明	参数省略默认情况
VLOOKUP	第四参数	查找方式	默认为 0，标准准确查找
MAX	第二参数	第二参数	默认返回最大值
IF	第二三参数	返回值	返回 0
OFFSET	第二三参数	偏移行高、列宽	默认为 1
SUBSTITUT	第三参数	替换第几个	替换全部
REPLACE	第三参数	替换几个字符	插入字符（不替换）
MATCH	第三参数	查找方式	准确查找

◇ 巧用函数提示功能输入函数

从 Excel 2007 开始，新增加了输入函数提示。当在 Excel 工作表中输入函数时，会自动显示函数提示框。在提示列表框中，可以通过上下键选择函数，选中之后按【Tab】键即可。如在下图中输入求和函数 SUM，当输入"=SU"时，从弹出的函数提示框中使用【↓】键找到 SUM 函数，然后按【Tab】键即可选中该函数。

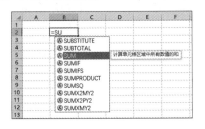

第**3**篇

数据分析篇

第 7 章　初级数据处理与分析——数据列表管理

第 8 章　中级数据处理与分析——图表的应用

第 9 章　专业数据的分析——数据透视表和透视图

　　本篇主要介绍了 Excel 数据分析，通过本篇的学习，读者可以掌握数据列表的管理、图表的应用及数据透视表和透视图等操作。

第7章

初级数据处理与分析——数据列表管理

📖 本章导读

本章主要介绍 Excel 2016 中的数据验证功能、数据排序和筛选功能以及数据分类汇总功能。通过本章的学习，读者可以掌握数据的处理和分析技巧，并通过所学知识轻松快捷地管理数据列表。

🎯 思维导图

7.1 基本销售报表

　　员工销售报表是企业中最常见的表格，该表格详细地记录了员工销售情况，为企业及时了解员工的销售能力提供了依据。员工销售报表一般包括员工基本信息、销售类别、销售产品、销售金额以及销售时间等内容。

实例名称：员工销售报表	
实例目的：及时了解员工的销售能力提供了依据	
素材	素材 \ch07\ 员工销售报表.xlsx
结果	结果 \ch07\ 员工销售报表.xlsx
录像	视频教学录像 \07 第 7 章

7.1.1 案例概述

　　制作基本销售报表时，需要注意以下几点。

1. 格式统一

　　区分标题字体和表格内的字体，统一表格内字体的样式（包括字体、字号、颜色等）。否则表格内容将显得杂乱。

2. 美化表格

　　在员工销售报表制作完成后，还需要进行美化操作，使其看起来更加美观。包括设置边框、调整行高列宽、设置标题、设置对齐方式等内容。

7.1.2 设计思路

　　制作员工销售报表时可以按以下的思路进行。

　　（1）输入表格标题及具体内容。

　　（2）使用求和公式计算销售金额。

　　（3）设置边框和填充效果、调整列宽。

　　（4）合并单元格并设置标题效果。

　　（5）设置文本对齐方式，统一格式。

7.1.3 涉及知识点

　　本案例主要涉及以下知识点。

　　（1）设置数据验证。

　　（2）数据排序。

　　（3）数据筛选。

　　（4）分类汇总。

7.2 设置数据验证

在向工作表中输入数据时，为了防止输入错误，可以为单元格设置数据验证，符合条件的允许输入，不符合条件的会弹出警告通知限制用户只能输入制定范围内的数据，从而提高处理数据的效率。

7.2.1 设置销售员工工号长度验证

员工的工号通常都由固定位数的数字组成，可以通过设置验证工号的有效性来过滤无效工号，从而避免错误。设置销售员工工号长度验证的具体操作如下。

第1步 打开随书光盘中的"素材 \ch07\ 员工销售报表.xlsx"文件。

选择【文本长度】选项；在【数据】下拉菜单中选择【等于】选项；在【长度】文本框中输入"4"，单击【确定】按钮。

第4步 返回 Excel 工作表中，然后在单元格区域 A3：A14 中输入工号，如果输入小于4 位或大于4 位的工号时，就会弹出出错提示框。

第2步 选中单元格区域 A3：A14,然后单击【数据】选项卡【数据工具】组中的【数据验证】按钮，从弹出的下拉菜单中选择【数据验证】选项。

第3步 打开【数据验证】对话框，默认显示为【设置】选项卡，在【允许】下拉菜单中

7.2.2 设置输入信息时的提示

在设置员工工号长度验证后，还可以设置在输入工号时的提示信息。设置输入信息提示的具体操作如下。

第1步 打开"员工销售报表"工作表，然后选中单元格区域 A3:A14。

第2步 依次单击【数据】→【数据工具】→【数据验证】菜单命令，打开【数据验证】对话框，选择【输入信息】选项卡，在【标题】文本框中输入"请输入工号"，在【输入信息】列表框中输入"请输入4位数字的工号！"。

第3步 单击【确定】按钮，完成输入信息提示的操作。当单击 A3:A14 区域中的任意单元格时，都会显示相应的提示信息。

7.2.3 设置输入错误时的警告信息

当在设置了数据验证的单元格中输入不符合条件的数据时，就会弹出警告对话框，该对话框中的警告信息可由用户自行设置，具体的操作如下。

第1步 打开"员工销售报表"工作表，并选中单元格区域 A3:A14。

第2步 依次单击【数据】→【数据工具】→【数据验证】菜单命令，即可打开【数据验证】对话框，选择【出错警告】选项卡，在【样式】下拉菜单中选择【停止】选项；在【标题】文本框中输入"输入错误！"；在【错误信息】列表框中输入"输入错误，请重新输入4位数字的工号！"。

第3步 单击【确定】按钮，然后在A3：A14区域中的任意单元格中输入不符合条件的数据时，系统都会弹出【输入错误！】提示框。

第4步 单击【重试】按钮，即可在单元格中重新输入工号，并按照设置的数据验证完成工号的输入操作。

7.2.4 设置单元格的下拉选项

由于在输入员工性别时的数据特殊性，用户可以在单元格中设置下拉选项，来实现数据的快速输入，具体的操作如下。

第1步 打开"员工销售报表"工作表，并选中单元格区域C3：C14。

第2步 依次单击【数据】→【数据工具】→【数据验证】菜单命令，即可打开【数据验证】对话框，选择【设置】选项卡，然后在【允许】下拉菜单中选择【序列】选项，在【来源】文本框中输入"男,女"，注意，在其中输入的内容需要用英文状态下的逗号隔开。

第3步 返回 Excel 工作表中，此时在单元格区域 C3:C14 中的任意单元格右侧都会显示下拉按钮。

然后按照相同的操作方法分别输入其他员工的性别信息。

第4步 选中单元格 C3，并单击其右侧的下拉按钮，从弹出的下拉菜单中选择【女】选项，

第5步 单击【保存】按钮，将输入的信息保存到该文件中。

7.3 排序数据

Excel 2016 提供了多种排序方法，包括单条件排序、多条件排序和按行或按列排序。用户除了使用这几种方法对数据进行排序以外，还可以根据需要自定义排序。

7.3.1 单条件排序

单条件排序就是依据某列的数据规则对数据进行排序，如升序或降序就是最常用的单条件排序方式。使用单条件排序的具体操作如下。

第1步 打开随书光盘中的"素材\ch07\员工销售报表.xlsx"文件。

第2步 如这里对销售金额进行降序排序，选中单元格 I3，然后单击【数据】选项卡【排序和筛选】组中的【降序】按钮。

第3步 此时销售金额即可按照由高到低的顺序显示数据。

7.3.2 多条件排序

多条件排序就是依据多列的数据规则对数据表进行排序操作。本节将"员工销售报表"中的"单价"和"销售金额"从低到高的顺序进行排序，具体的操作如下。

第1步 打开随书光盘中的"素材 \ch07\ 员工销售报表.xlsx"文件，单击【数据】选项卡【排序和筛选】组中的【排序】按钮。

第2步 打开【排序】对话框，在【主要关键字】下拉菜单中选择【单价】选项；在【排序依据】下拉菜单中选择【数值】选项；在【次序】下拉菜单中选择【升序】选项。

第3步 单击【添加条件】按钮，新增排序条件，然后按照下图所示设置"次要关键字"的相关参数，单击【确定】按钮。

第4步 即可返回 Excel 工作表中查看设置的效果。

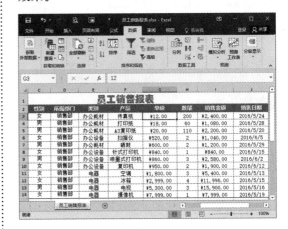

7.3.3 按行或列排序

除了可以多条件排序外，还可以对数据进行按行或列排序。按行或列排序的具体操作如下。

第1步 打开随书光盘中的"素材 \ch07\ 学生成绩表.xlsx"文件，并选中数据区域内的任一单元格。

第2步 依次单击【数据】→【排序和筛选】→【排序】菜单命令，打开【排序】对话框，在该对话框中单击【选项】按钮，即可打开【选项】对话框，然后选中【方向】区域内的【按行排序】单选按钮。

第3步 单击【确定】按钮，返回【排序】对话框，在【主要关键字】下拉菜单中选择要排序的行，如这里选择【行3】选项。

第4步 单击【确定】按钮，即可返回 Excel 工作表中查看设置的效果。

第5步 按列排序和按行排序类似，选中数据区域内的任意单元格，然后按照上述操作打开【排序选项】对话框，在该对话框中选择【按列排序】单选按钮。

第6步 单击【确定】按钮，返回【排序】对话框，然后在【主要关键字】下拉菜单中选择【语文】选项。

第7步 单击【确定】按钮，即可返回 Excel 工作表中查看按列排序的效果。

7.3.4 自定义排序

Excel 提供了自定义排序的功能，用户可以根据需要设置自定义排序序列。本节将对学生姓名进行自定义排序，具体操作如下。

第1步 打开随书光盘中的"素材 \ch07\ 学生成绩表 .xlsx"文件。

第2步 依次单击【数据】→【排序和筛选】→【排序】菜单命令，打开【排序】对话框，在【主要关键字】下拉菜单中选择【姓名】选项，在【次序】下拉菜单中选择【自定义序列】选项。

第3步 打开【自定义序列】对话框后，在【输入序列】列表框中输入自定义序列"王五，赵六，张三，李四"，然后单击【添加】按钮，将自定义序列添加到【自定义序列】列表框中，单击【确定】按钮。

第4步 返回【排序】对话框，此时在【次序】文本框中显示自定义的序列，单击【确定】按钮。

第5步 即可返回 Excel 工作表中查看自定义排序后的效果。

7.4 筛选数据

在数据清单中，如果需要查看一些特定数据，就需要对数据清单进行筛选，即从数据清单中筛选出符合条件的数据，将其显示在工作表中，而将那些不符合条件的数据隐藏起来。

7.4.1 自动筛选

自动筛选器提供了快速访问数据列表的管理功能，用户可以选择符合条件的一项，然后将符合条件的数据筛选出来。使用自动筛选的具体操作如下。

第1步 打开随书光盘中的"素材 \ch07\ 员工销售报表 .xlsx"文件。

第2步 单击【数据】选项卡【排序和筛选】组中的【筛选】按钮，进入数据筛选状态，此时在每个字段名的右侧都会有一个下拉按钮。

第3步 单击【类别】右侧的下拉按钮，从弹出的下拉菜单中取消【全选】复选框的选中状态，然后选中【办公耗材】复选框，单击【确定】按钮。

第4步 即可只显示办公耗材的数据信息，其他的数据将被隐藏。

7.4.2 高级筛选

Excel 提供了高级筛选功能，即对字段设置多个复杂的筛选条件。使用高级筛选的具体操作如下。

第1步 打开随书光盘中的"素材 \ch07\ 员工工资统计表 .xlsx"文件。

第2步 选中单元格区域 A13：C14，并在其中输入如下图所示的筛选条件。

第5步 单击【高级筛选－条件区域】对话框中的按钮，即可返回【高级筛选】对话框。

第3步 选中单元格区域 A2：H11，然后单击【数据】选项卡【排序和筛选】组中的【高级】按钮，打开【高级筛选】对话框。

第6步 单击【确定】按钮，即可筛选出符合条件区域的数据。

第4步 单击【条件区域】文本框右侧的按钮，返回 Excel 工作表中，然后拖动鼠标选中要筛选的区域 A13：C14，此时选择的区域会显示在【高级筛选－条件区域】文本框中。

> **|提示|**
>
> 使用高级筛选之前应先建立一个条件区域。条件区域至少有 3 个空白行，首行中包含的字段名必须拼写正确，只要包含有作为筛选条件的字段名即可。条件区域的字段名下面一行用来输入筛选条件，另一行作为空行，用来把条件区域和数据区域分开。

7.4.3 自定义筛选

自定义筛选可根据用户的需要来设置条件，从而筛选出符合条件的数据。自定义筛选包括以下 3 种方式。

1. 模糊筛选

将"员工工资统计表"中姓名为"高静"的员工信息筛选出来，具体的操作如下。

第1步 打开随书光盘中的"素材 \ch07\ 员工工资统计表.xlsx"文件。

第2步 依次单击【数据】→【排序和筛选】→【筛选】菜单命令，进入数据筛选状态。

第3步 单击【姓名】列右侧的下拉按钮，从弹出的下拉菜单中选择【文本筛选】子菜单中的【自定义筛选】选项。

第4步 打开【自定义自动筛选方式】对话框，然后按照下图所示设置相关参数，单击【确定】按钮。

第5步 即可查看筛选后的效果。

2. 范围筛选

使用范围筛选方式筛选出工资大于等于5000 的相关数据，具体的操作如下。

第1步 打开随书光盘中的"素材 \ch07\ 员工工资统计表.xlsx"文件，依次单击【数据】→【排序和筛选】→【筛选】菜单命令，进入数据筛选状态。

第2步 单击【工资合计】右侧的下拉按钮，从弹出的下拉菜单中选择【数字筛选】子菜单中的【自定义筛选】选项，打开【自定义自动筛选方式】对话框，然后在该对话框中按照下图所示设置相关参数，单击【确定】按钮。

第3步 即可筛选出工资大于5000的相关信息。

第2步 单击【姓名】列右侧的下拉按钮，从弹出的下拉菜单中选择【文本筛选】子菜单中的【自定义筛选】选项，打开【自定义自动筛选方式】对话框，然后在该对话框中按照下图所示设置相关参数，单击【确定】按钮。

第3步 即可查看筛选后的结果。

3. 通配符筛选

将"员工工资统计表"中姓名为两个字且姓"冯"的员工筛选出来，具体的操作如下。**第1步** 打开随书光盘中的"素材\ch07\员工工资统计表.xlsx"文件，依次单击【数据】→【排序和筛选】→【筛选】菜单命令，进入数据筛选状态。

> **│提示│**
>
> 通常情况下，通配符"?"表示任意一个字符，"*"表示任意多个字符。"?"和"*"需要在英文状态下输入。

7.5 数据的分类汇总

分类汇总包括两部分：先对一个复杂的数据库进行数据分类，再对不同类型的数据进行汇总。使用数据分类汇总功能，可以将数据更加直观地展示出来。

7.5.1 创建分类汇总

分类汇总是根据字段名来创建数据组，然后进行汇总。创建分类汇总的具体操作如下。

第1步 打开随书光盘中的"素材 \ch07\ 员工销售报表.xlsx"文件。

第2步 单击【数据】选项卡【分级显示】组中的【分类汇总】按钮，打开【分类汇总】对话框，然后在【分类字段】下拉菜单中选择【类别】选项，表示以"类别"字段进行分类汇总，在【汇总方式】下拉菜单中选择【求和】选项，在【选定汇总项】列表框中选中【销售金额】复选框，最后选中【汇总结果显示在数据下方】复选框，单击【确定】按钮。

第3步 即可查看对类别进行分类汇总后的效果。

7.5.2 分级显示

对数据库进行分类汇总之后，可以将数据分级显示。分级显示中的第一级数据代表汇总项的总和，第二级数据代表分类汇总数据各汇总项的总和，而第三级数据则代表数据清单的原始数据。分级显示数据的具体操作如下。

第1步 打开"员工销售报表"工作表，单击工作表左侧的数字按钮 **1**，即可显示一级数据。

第2步 单击数字按钮②，则显示一级和二级数据，即总计和类别汇总。

第3步 单击数字按钮③，则显示一级、二级和三级数据。

7.5.3 清除分类汇总

如果不再需要分类汇总，可以将其清除。清除分类汇总的具体操作如下。

第1步 打开"员工销售报表"工作表，选中分类汇总后的工作表数据区域内的任意单元格。

第4步 单击工作表左侧的按钮 ⊟，即可隐藏明细数据，隐藏后的效果如图所示。

第5步 单击工作表左侧的按钮 ⊞，即可显示明细数据，显示后的效果如图所示。

第2步 依次单击【数据】→【分级显示】→【分类汇总】菜单命令，打开【分类汇总】对话框，然后在该对话框中单击【全部删除】按钮。

第3步 即可清除分类汇总效果。

7.6 合并计算

在 Excel 2016 中，若要汇总多个工作表结果，可以将数据合并到一个主工作表中，以便对数据进行更新和汇总。

7.6.1 按位置合并计算

按位置进行合并计算就是按同样的顺序排列所有工作表中的数据，将它们放在同一位置中，具体的操作如下。

第1步 打开随书光盘中的"素材\ch07\员工工资统计表.xlsx"文件。

的名称】组中的【定义名称】按钮。

第2步 打开"工资表1"工作表，选中单元格区域 A1:H11，单击【公式】选项卡【定义

第3步 打开【新建名称】对话框，然后在【名称】文本框中输入"工资表1"，单击【确定】按钮，即可完成名称的定义。

第4步 打开"工资表2"工作表，并选中单元格区域 A1:H11，依次单击【公式】→【定义的名称】→【定义名称】菜单命令，打开【新建名称】对话框，在【名称】文本框中输入"工资表2"，单击【确定】按钮完成操作。

第5步 打开"工资表1"工作表，选中单元格 I1，单击【数据】选项卡【数据工具】组中的【合并计算】按钮。

第6步 打开【合并计算】对话框，然后在【引用位置】文本框中输入"工资表2"，单击【添加】按钮，即可把"工资表2"添加到【所有引用位置】列表框中。

第7步 单击【确定】按钮，即可将名称为"工资表2"的区域合并到"工资表1"区域中。

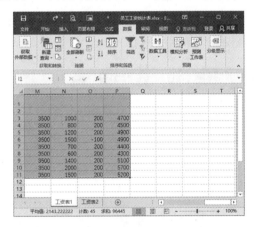

7.6.2 由多个明细表快速生成汇总表

　　如果数据分散在各个明细表中，需要将这些数据汇总到一个总表中，也可以使用合并计算。由多个明细表快速生产汇总表的具体操作如下。

第1步 打开随书光盘中的"素材\ch07\销售汇总表.xlsx"文件，这里包含了3个地区的销售情况。需要将这3个地区的数据合并到"总表"中，即同类产品的数量和销售金额相加。

第2步 打开"汇总表"工作表，并选中单元
格 A1。

第3步 单击【数据】选项卡【数据工具】组
中的【合并计算】按钮，打开【合并计算】
对话框，然后单击【引用位置】文本框右侧
的 ▦。

第4步 打开【合并计算－引用位置】对话框，
拖动鼠标选中"上海"工作表中的单元格区
域 A1:C6。

第5步 单击【合并计算－引用位置】对话框
中的按钮 ▦，返回【合并计算】对话框，然
后单击【添加】按钮，将引用的位置添加到【所
有引用位置】列表框中。

第6步 重复此操作，依次添加大连和广东工
作表中的数据区域。

第7步 单击【确定】按钮，即可查看合并计
算后的数据。

分析与汇总员工培训成绩统计表

本实例将介绍如何分析汇总员工培训成绩统计表。通过对本实例的练习，可以对本章介绍的知识点进行综合运用，包括设置数据验证、条件格式以及分类汇总等操作。具体的操作如下。

1. 设置数据验证

打开随书光盘中的"素材\ch07\员工培训成绩统计分析表.xlsx"文件，在 A3:A12 区域中数据设置验证。

2. 计算培训总分

选中单元格 I3，并输入公式"=G3*0.4+H3*0.6"，按【Enter】键确认输入，即可计算出第一位员工的培训总分。复制公式。利用自动填充功能，完成其他单元格的计算。

3. 分析员工是否达标

根据表格注释内容，分析员工培训成绩是否达标。选中单元格 J3，输入公式"=IF(I3>=75,"达标"," 不达标")"，按【Enter】键确认输入，即可判断出第一位员工的成为"达标"。利用自动填充功能，完成对其他员工培训成绩是否达标的判断。

4. 突出显示成绩不达标的员工。

选择单元格区域 J3:J12，然后设置不达标的条件，即可将成绩不达标的单元格突出显示。

5. 计算排名

选中单元格 K3，并输入公式"=RANK(I3,$I$3:$I$12)"，按【Enter】键确认输入，即可计算出第一位员工的成绩排名。利用自动填充功能，计算其他员工的成绩排名。

6. 对成绩进行分类汇总

按部门对员工成绩进行分类汇总，显示三级汇总结果。

◇ 让表中序号不参与排序

在对表中的数据进行排序时，不希望表中的序号也参与排序，可以采用以下方式。

第1步 打开随书光盘中的"素材 \ch07\ 员工工资统计表.xlsx"文件。

开【插入】对话框，然后在【插入】区域内选中【整列】选项。

第3步 单击【确定】按钮，即可在 A 列和 B 列之间插入一列。

第2步 插入空白列。选中单元格 B2，右击，从弹出的下拉菜单中选择【插入】选项，打第4步 选中数据区域内的任意单元格，单击【数据】选项卡【排序和筛选】组中的【降序】按钮 ，即可对表中的数据进行从高到低的顺序排序，此时可发现"序号"一列并未参与排序。

第5步 排序之后，为了使表格看起来更加美观，可以将插入的空白列删除，最终的效果如下图所示。

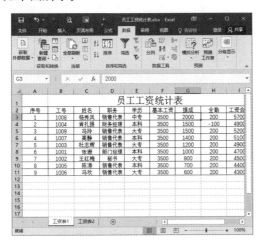

◇ 通过筛选删除空白行

使用筛选删除空白行可以快速删除大量空白行，具体的操作如下。

第1步 打开随书光盘中的"素材 \ch07\ 员工加班时间统计表.xlsx"文件。

第2步 选中单元格区域 A2：A12，单击【数据】选项卡【排序和筛选】组中的【筛选】按钮，即可将选中的数据设置为筛选状态。

第3步 单击【工号】右侧的下拉按钮，从弹出的下拉菜单中取消【全选】选中状态，然后选中【空白】复选框。

第4步 单击【确定】按钮，即可筛选出所有的空白行，并且空白行的行标显示为蓝色的字体。

第5步 选中所有空白行，并右击，从弹出的下拉菜单中选择【删除行】选项，此时系统会弹出如下图所示的提示框。

第6步 单击【确定】按钮，返回 Excel 工作表，单击【排序和筛选】选项组中的【清除】按钮，即可完成空白行的删除操作。

◇ 筛选多个表格的重复值

如果多个表格中有重复值，并且需要将这些重复值筛选出来，可以对重复值进行筛选，如下面介绍的从所有部门的员工名单中筛选出编辑部的员工。

第1步 打开随书光盘中的"素材 \ch07\ 筛选多个表格中的重复值.xlsx"文件。

第2步 选中单元格区域 A2:A13，单击【数据】选项卡【排序和筛选】组中的【高级】按钮，打开【高级筛选】对话框。选中【方式】区域内的【将筛选结果复制到其他位置】单选按钮，单击【条件区域】文本框右侧的按钮。

第3步 打开【高级筛选－条件区域】对话框，拖动鼠标选中"Sheet2"工作表中的单元格区域 A2:A8。

第4步 单击按钮 🔳，即可返回【高级筛选】对话框，然后按照相同的方法选择"复制到"的单元格区域。

第5步 单击【确定】按钮，即可筛选出两个表格中的重复值。

◇ 合并相同项

如果在一个表格中有多个相同内容的单元格，可以将其合并为一个单元格，并且只显示一个值，从而使表格看起来更加美观。具体的操作如下。

第1步 打开随书光盘中的"素材 \ch07\ 员工联系方式.xlsx"文件。

第2步 选中数据区域内的任意单元格，然后单击【数据】选项卡【分级显示】组中的【分类汇总】按钮，打开【分类汇总】对话框，按照下图所示设置相关参数。

第3步 单击【确定】按钮，即可查看汇总后的效果。

第4步 选中单元格区域A2:A13，单击【开始】选项卡【编辑】组中的【查找和选择】按钮，从弹出的下拉菜单中选择【定位条件】选项。

第5步 打开【定位条件】对话框，选中【选择】区域内的【空值】单选按钮，单击【确定】按钮。

第6步 单击【开始】选项卡【对齐方式】组

中的【合并后居中】按钮，将选中的单元格区域合并成一个单元格。

第7步 选中A列，然后单击【开始】选项卡【剪贴板】组中的【格式刷】按钮，再单击B列，即可将A列的格式应用到B列中。

第8步 取消分类汇总。依次单击【数据】→【分级显示】→【分类汇总】菜单命令，即可打开【分类汇总】对话框，然后单击该对话框中的【全部删除】按钮。

第9步 即可清除分类汇总效果。

第 10 步 选中 A 列，并右击鼠标，从弹出的下

拉菜单中选择【删除】选项，即可将多余的
列删除，最终的显示效果如下图所示。

第8章

中级数据处理与分析——图表的应用

本章导读

图表作为一种比较形象、直观的表达形式，不仅可以直观展示各种数据的数量的多少，还可以展示数量增减变化的情况以及部分数量同总数之间的关系等信息。本章主要介绍图表的应用及创建方法。

思维导图

8.1 季度销售额报表

制作季度销售额报表要做到准确直观。

实例名称：制作季度销售额报表	
实例目的：学习图表的应用	
素材	素材 \ch08\ 第一季度销售额报表 .xlsx
结果	结果 \ch08\ 第一季度销售额报表 .xlsx
录像	视频教学录像 \08 第 8 章

8.1.1 案例概述

制作季度销售额报表是一个企业工作中的重要环节，企业可以通过销售额报表分析销售情况，并根据其中的数据制订详细的销售规划。制作季度销售额报表时，需要注意以下几点。

1. 数据准确

（1）制作季度销售额报表时，选取单元格要准确，合并单元格时要合理安排合并的位置，插入的行和列要定位准确，以确保能准确地计算表中的数据。

（2）Excel 中的数据类型有多种，要分清销售额报表中的数据是哪种数据类型，做到数据输入准确。

2. 便于统计

制作的表格要完整，输入数据应与各分公司销售情况一一对应。

3. 界面简洁

（1）销售额报表的布局要合理，避免多余数据。

（2）合并需要合并的单元格，为单元格内容保留合适的位置。

（3）字体不宜过大，单表格的标题与表头一栏可以适当加大加粗字体。

8.1.2 设计思路

制作季度销售额报表时可以按以下的思路进行。

（1）创建空白工作簿，并对工作簿进行保存命名。

（2）在工作簿中输入文本与数据，并设置文本格式。

（3）合并单元格，并调整行高与列宽。

（4）设置对齐方式、标题及填充效果。

8.1.3 涉及知识点

本案例主要涉及以下知识点。

（1）创建空白工作簿。

（2）合并单元格。

（3）插入斜线表头。

（4）设置数据类型。

（5）设置对齐方式。

（6）设置填充效果。

8.2 图表类型及创建

图表在一定程度上可以使表格中的数据一目了然，通过插入图表，用户可以更加容易地分析数据的走向和差异，以便于预测趋势。本节将着重介绍图表的类型及创建方法。

8.2.1 如何选择合适的图表

Excel 2016 提供了多种类型的图表，每种图表都有与之匹配的应用范围，那么如何选择合适的图表呢？下面我们着重介绍几种比较常用的图表。

（1）柱形图。柱形图是最普通的图表类型之一。柱形图的数据显示为垂直柱体，高度与数值相对应，数值的刻度显示在纵轴线的左侧。创建柱形图时可以设定多个数据系列，每个数据系列以不同的颜色表示。

（2）折线图。折线图通常用来描绘连续的数据，对于显示数据趋势很有用。折线图的分类轴显示相等的间隔。

（3）饼图。饼图把一个圆面划分为若干个扇形面，每个扇形面代表一项数据类型。饼图一般适合表示数据系列中每一项占该系列总值的百分比。

（4）条形图。条形图类似于柱型图，实际上是顺时针旋转 90°的柱形图，主要强调各个数据项之间的差别。条形图的优点是分类标签更便于阅读。

（5）面积图。面积图是将一系列数据用线段连接起来，每条线以下的区域用不同的颜色填充。面积图强调幅度随时间的变化，通过显示所绘数据的总和，说明部分和整体的关系。

（6）XY（散点图）。XY 散点图用于比较几个数据系列中的数值。XY 散点图通常用来显示两个变量之间的关系。

（7）股价图。股价图用来描绘股票的价格走势，对显示股票市场信息很有用。这类图表需要 3~5 个数据系列。

（8）曲面图。曲面图是在曲面上显示两个或更多的数据系列。曲面中的颜色和图案用来指示在同一取值范围内的区域。数轴的单位刻度决定使用的颜色数，每个颜色对应一个单位刻度。

（9）雷达图。雷达图对于每个分类都有一个单独的轴线，轴线从图表的中心向外延伸，并且每个数据点的值均被绘制在相应的轴线上。

（10）组合图。组合图可以将多个图表进行组合，在一个图表中可以实现各种效果。

8.2.2 创建图表

创建图表的方法有 3 种，分别是使用快捷键创建图表、使用功能区创建图表和使用图表向导创建图表。

1. 使用快捷键创建图表

按组合键【Alt+F1】或者按【F11】键可以快速创建图表。按组合键【Alt+F1】可以创建嵌入式图表；按【F11】键可以创建工作表图表。使用快捷键创建工作表图表的具体操作如下。

第1步 打开随书光盘中的"素材\ch08\各部门第一季度费用表.xlsx"文件。

第2步 选中单元格区域 A1:D6，按【F11】键，即可插入一个名为"Chart1"的工作表图表，并根据所选区域的数据创建图表。

2. 使用功能区创建图表

使用功能区创建图表的具体操作如下。

第1步 打开随书光盘中的"素材\ch08\各部门第一季度费用表.xlsx"文件。

第2步 选中单元格区域 A1:D6，单击【插入】选项卡【图表】组中的【插入柱形图或条形图】按钮 ，从弹出的下拉菜单框中选择【二维柱形图】区域内的【簇状柱形图】选项。

第3步 即可在该工作表中生成一个柱形图表。

3. 使用图表向导创建图表

使用图表向导也可以创建图表，具体的操作如下。

第1步 打开随书光盘中的"素材\ch08\各部门第一季度费用表.xlsx"文件。

第2步 单击【插入】选项卡【图表】组中的【查看所有图表】按钮🔲，打开【插入图表】对话框，默认显示为【推荐的图表】选项卡，选择【簇状柱形图】选项，单击【确定】按钮。

第3步 即可创建一个柱形图图表。

8.3 图表的美化和调整

图表创建完毕，用户可以根据实际需要对图表进行调整及美化。在对图表进行美化时，可以直接套用 Excel 2016 提供的多种图表格式。

8.3.1 调整图表的位置和大小

对图表调整位置和大小的具体操作如下。

第1步 打开随书光盘中的"素材\ch08\图表.xlsx"文件。

第2步 选中图表，然后将鼠标指针移到图表内，此时鼠标指针变成"⬚"形状，按住鼠标左键不放，拖动图表至合适的位置，释放鼠标即可。

第3步 将鼠标指针移到图表右下角的控制点上，此时指针变成如下图所示的形状。

第4步 此时按住鼠标左键不放，向左上拖动至合适的大小，释放鼠标，即可调整图表的大小。

8.3.2 调整图表布局

调整图表布局可以借助于 Excel 2016 提供的布局来设置，具体的操作如下。

第1步 打开随书光盘中的"素材\ch08\图表.xlsx"文件。

第2步 选中插入的图表，单击【图表工具 – 设计】选项卡【图表布局】组中的【快速布局】按钮，从弹出的下拉菜单中选择【布局1】选项。

第3步 即可应用选择的布局样式。

8.3.3 修改图表样式

对于创建的图表，除了修改图表布局以外，还可以修改图表样式，具体的操作如下。

第1步 打开"图表"工作簿，并选中插入的图表。

第2步 单击【图表工具－设计】选项卡【图表样式】组中的【其他】按钮，从弹出的下拉菜单中选择【样式8】选项。

第3步 选择之后，即可应用选择的图表的样式。

8.3.4 更改图表类型

创建的图表类型不是固定不变的，用户如果希望更改创建的图表类型，即可进行如下的操作。

第1步 打开"图表"工作簿，选中插入的图表，单击【图表工具－设计】选项卡【类型】组中的【更改图表类型】按钮。

第2步 打开【更改图表类型】对话框，在【更改图表类型】对话框中选择【柱形图】中的一种，单击【确定】按钮。

第3步 即可更改创建的图表类型。

8.3.5 移动图表到新工作表

在工作表中创建图表后，可以根据需要将图表移到另一个新的工作表中，具体的操作如下。

第1步 打开"图表"工作簿，选中要移动的图表，右击，从弹出的下拉菜单中选择【移动图表】选项。

第3步 即可将图表移到新工作表"Chart2"中。

第2步 打开【移动图表】对话框，选择【选择放置图表的位置】区域内的【新工作表】单选按钮，并在右侧的文本框中输入工作表名"Chart2"，单击【确定】按钮。

8.3.6 美化图表区和绘图区

如果希望创建的图表更生动，就可以美化图表区和绘图区，具体的操作如下。

第1步 打开"图表"工作簿，选中图表。

第2步 单击【图表工具－格式】选项卡【当前所选内容】组中的【图表元素】下拉按钮，从弹出的下拉菜单中选择【图表区】选项。

第3步 单击【当前所选内容】选项组中的【设置所选内容格式】按钮，打开【设置图表区格式】任务窗口，然后选择【填充】选项区域内的【图片或纹理填充】单选按钮。

第4步 单击【插入图片来自】区域内的【文件】按钮，打开【插入图片】对话框，在该对话框中选择需要插入的图片。

第5步 单击【插入】按钮，返回【设置图表区格式】任务窗口，单击【关闭】按钮，即可将该图片插入图表中，完成图表区的美化操作。

第6步 美化绘图区。选中图表中的绘图区，并右击，从弹出的下拉菜单中选择【设置绘图区格式】选项。

颜色。

第8步 单击【关闭】按钮，即可显示出设置后的效果。

第7步 打开【设置绘图区格式】任务窗口，单击【填充】选项卡，选择【渐变填充】单选按钮，单击【渐变光圈】区域内的【颜色】下拉按钮，从弹出的下拉菜单中选择所需的

 8.4 添加图表元素

添加图标元素不仅可以对图表区域进行编辑和美化，还可以选择图表中的不同图表对象进行修饰。例如，添加坐标轴、网格线、图例、图表标题等元素，从而使图表表现数据的能力更直观、更强大。

8.4.1 图表的组成

图表主要由绘图区、图表区、数据系列、网格线、图例、分类轴和数值轴等组成，其中图表区和绘图区是最基本的，通过单击图表区即可选中整个图表。当鼠标指针移至图表的不同部位时，系统就会自动显出与该部分对应的名称。

8.4.2 添加图表标题

图表标题即简要概括图表概要表达的含义或主题，用户创建完图表后，可以自行更改或添加图表标题，具体的操作如下。

第 1 步 打开随书光盘中的"素材 \ch08\ 各部门第一季度费用表.xlsx"文件。

第 2 步 选中【图表标题】文本框，将其中的内容删除，重新输入标题名称"第一季度费用表"。

8.4.3 添加数据标签

添加数据标签可以使图表中的数据表现得更直观、清晰。添加数据标签的具体操作如下。

第 1 步 接着 8.4.2 小节的操作，打开"各部门第一季度费用表"工作簿，然后单击【图表工具－设计】选项卡，进入设计界面。

第 3 步 即可在图表中添加数据标签。

第 2 步 单击【图表布局】选项组中的【添加图表元素】按钮，从弹出的下拉菜单中选择【数据标签】子菜单中的【数据标签内】选项。

8.4.4 添加数据表

在插入的图表中添加数据表的具体操作如下。

第1步 打开"各部门第一季度费用表"工作簿，然后单击【图表布局】选项组中的【添加图表元素】按钮，从弹出的下拉菜单中选择【数据表】子菜单中的【无图例项标示】选项。

第2步 即可在图表中添加无图例项标示的数据表。

8.4.5 设置网线

如果对默认的网格线不满意，用户可以自定义网格线。设置网格线的具体操作如下。

第1步 打开随书光盘中的"素材\ch08\各部门第一季度费用表.xlsx"文件。

第2步 选中图表，依次单击【图表工具－格式】→【当前所选内容】→【图表元素】菜单命令，从弹出的下拉菜单中选择【垂直轴 主要网格线】选项。

第3步 单击【当前所选内容】选项组中的【设置所选内容格式】按钮，打开【设置主要网格线格式】任务窗口，选择【线条】选项卡，并选中【实线】单选按钮，然后在【颜色】下拉菜单中选择【红色】选项，最后在【宽度】微调框中设置宽度为"1.5磅"。

的设置，设置的效果如下图所示。

第4步 单击【关闭】按钮，即可完成网格线

8.4.6 设置图例显示位置

用户如果对默认显示图例的位置不满意，还可以自定义图例显示的位置，具体的操作如下。

第1步 打开"各部门第一季度费用表"工作簿，然后单击【图表工具－设计】选项卡，进入设计界面。

第3步 即可将图例的位置更改到图表的右侧显示。

第2步 单击【图表布局】选项组中的【添加图表元素】按钮，从弹出的下拉菜单中选择【图例】子菜单中的【右侧】选项。

8.5 为各月销售情况创建迷你图

分析数据时常常用图表的形式来直观展示，有时线条过多，容易出现重叠，这时可以在单元格中插入迷你图来代替图表，从而使数据更清楚地展示。为各月销售情况创建迷你图的具体操作如下。

第1步 打开随书光盘中的"素材 \ch08\ 第一季度销售额报表.xlsx"文件。

第2步 单击【插入】选项卡【迷你图】组中的【折线图】按钮，打开【创建迷你图】对话框，然后在【数据范围】文本框中选择引用的数据区域，在【位置范围】文本框中选择插入折线迷你图的目标单元格，单击【确定】按钮。

第3步 即可创建迷你折线图。

第4步 按照相同的方法，创建其他月份的迷你折线图。另外，也可以利用自动填充功能，完成其他单元格的操作。

8.6 其他图表的制作

Excel 2016 提供了多种内部的图表类型，本节就来介绍如何创建各种类型的图表。

8.6.1 折线图

折线图通常用来描绘连续的数据，这对展现趋势很有用。通常，折线图的分类轴显示相等的间隔，是一种最适合反映数据之间量的变化快慢的图表类型。以折线图描绘各月份销售额波动情况的具体操作如下。

第1步 打开随书光盘中的"素材 \ch08\ 第一季度销售额报表.xlsx"文件。

第2步 选中单元格区域 A2:E5，然后单击【插入】选项卡【图表】组中的【插入折线图或面积图】按钮，从弹出的下拉菜单中选择【带数据标记的折线图】选项。

第3步 即可在当前工作表中创建一个折线图表，如下图所示。

8.6.2 饼图

饼图主要用于显示数据系列中各个项目与项目总和之间的比例关系。由于饼图只能显示一个系列的比例关系，所以当选中多个系列时也只能显示其中的一个系列。创建饼图的具体操作如下。

第1步 打开随书光盘中的"素材 \ch08\ 人数统计表.xlsx"文件。

第2步 选中单元格区域 A2:B7，然后依次单击【插入】→【图表】→【插入饼图或圆环图】按钮，从弹出的下拉菜单中选择【三维饼图】选项。

第3步 即可在当前工作表中创建一个三维饼图图表，如右图所示。

8.6.3 条形图

条形图可以显示各个项目之间的比较情况，与柱形图相似，但是又有所不同，条形图显示为水平方向，柱形图显示为垂直方向。下面以销售额报表为例，创建条形图的具体操作如下。

第1步 打开随书光盘中的"素材 \ch08\ 第一季度销售额报表.xlsx"文件。

第2步 选中单元格区域 A2:E5，然后依次单击【插入】→【图表】→【插入柱形图或条形图】按钮，从弹出的下拉菜单中选择【二维条形图】区域内的【簇状条形图】选项。

第3步 即可在当前工作表中创建一个条形图图表，如下图所示。

8.6.4 面积图

面积图主要用来显示每个数据的变化量，它强调的是数据随时间变化的幅度，通过显示数据的总和直观地表达出整体和部分的关系。创建面积图的具体操作如下。

第1步 打开随书光盘中的"素材 \ch08\ 销售金额.xlsx"文件。

第2步 选中单元格区域 A2:B7，然后依次单击【插入】→【图表】→【插入折线图或面积图】按钮，从弹出的下拉菜单中选择【二维面积图】区域内的【面积图】选项。

第3步 即可在当前工作表中创建一个面积图图表，如下图所示。

8.6.5 XY（散点图）

XY 散点图也称作散布图或散开图。XY 散点图不同于大多数其他图表类型的地方就是所有的轴线都显示数值（在 XY 散点图中没有分类轴线）。该图表通常用来显示两个变量之间的关系。

创建 XY 散点图的具体操作如下。

第1步 打开随书光盘中的"素材\ch08\第一季度销售额报表.xlsx"文件。

第2步 选中单元格区域 A2:E5，然后依次单击【插入】→【图表】→【插入散点图或气泡图】按钮，从弹出的下拉菜单中选择【散点图】区域内的【带直线和数据标记的散点图】选项。

第3步 即可在当前工作表中创建一个散点图图表，如下图所示。

8.6.6 股价图

股价图主要用来显示股价的波动情况。使用股价图显示股价涨跌的具体操作如下。

第 1 步 打开随书光盘中的"素材 \ch08\ 股价表.xlsx"文件。

第 2 步 选择数据区域的任意单元格，然后依次单击【插入】→【图表】→【插入瀑布图或股价图】按钮，从弹出的下拉菜单中选择【股价图】区域内的【成交量－开盘－盘高－盘底】选项。

第 3 步 即可在当前工作表中创建一个股价图图表，如下图所示。

8.6.7 曲面图

曲面图实际上是折线图和面积图的另一种形式，共有 3 个轴，分别代表分类、系列和数值。可以使用曲面图，找到两组数据之间的最佳组合，创建一个销售额报表的曲面图的具体操作如下。

第 1 步 打开随书光盘中的"素材 \ch08\ 第一季度销售额报表.xlsx"文件。

第 2 步 选中单元格区域 A2:E5，然后依次单击【插入】→【图表】→【插入曲面图或雷达图】

按钮，从弹出的下拉菜单中选择【曲面图】区域内的【三维曲面图】选项。

第3步 即可在当前工作表中创建一个曲面图图表，如下图所示。

8.6.8 雷达图

雷达图主要用于显示数据系列相对于中心点以及相对于彼此数据类别间的变化，其中每一个分类都有自己的坐标轴，这些坐标轴由中心向外辐射，并用折线将同一系列中的数据值链接起来。

创建雷达图的具体操作如下。

第1步 打开随书光盘中的"素材 \ch08\ 第一季度销售额报表.xlsx"文件。

第2步 选中单元格区域 A2:E5，然后单击【插入】选项卡【图表】组中的【查看所有图表】按钮 ▣。

第3步 即可打开【插入图表】对话框，选择【所有图表】选项卡，然后选择【雷达图】区域内的【填充雷达图】选项，单击【确定】按钮。

第4步 即可在当前工作表中创建一个雷达图图表，如下图所示。

8.6.9 树状图

树状图是 Excel 2016 新增的一种图表，非常适合展示数据的比例和数据的层次关系，它的直观和易读，是其他类型的图表所无法比拟的。例如，用树状图来分析一家快餐店一天的商品销售情况，具体操作如下。

第1步 打开随书光盘中的"素材 \ch08\ 快餐店一日消费情况表.xlsx"文件。

第2步 选中数据区域内的任意单元格，然后依次单击【插入】→【图表】→【查看所有图表】按钮，即可打开【插入图表】对话框，选择【所有图表】选项卡，并在左侧列表框中选择【树状图】选项，单击【确定】按钮。

第3步 即可在当前工作表中创建一个树状图图表，如下图所示。

8.6.10 旭日图

旭日图主要用来分析数据的层次及所占比例。旭日图可以直观的查看不同时间段的分段销售额及占比情况，具体的操作如下。

第1步 打开随书光盘中的"素材 \ch08\ 年度销售额汇总表.xlsx"文件。

第2步 选中数据区域内的任意单元格，然后依次单击【插入】→【图表】→【查看所有图表】按钮，即可打开【插入图表】对话框，选择【所有图表】选项卡，并在左侧列表框中选择【旭日图】选项，单击【确定】按钮。

第3步 即可在当前工作表中创建一个旭日图图表，如下图所示。

8.6.11 直方图

直方图主要用来分析数据分布比重和分布频率。创建直方图的具体操作如下。

第1步 打开随书光盘中的"素材 \ch08\ 学生身高统计表.xlsx"文件。

第2步 选中数据区域内的任意单元格，然后依次单击【插入】→【图表】→【查看所有图表】按钮，即可打开【插入图表】对话框，选择【所有图表】选项卡，并在左侧列表框中选择【直方图】选项，单击【确定】按钮。

第3步 即可在当前工作表中创建一个直方图图表，如下图所示。

8.6.12 箱形图

在工作中，经常遇到需要查看数据分布的情况，比如，有许多种类的商品，每种商品都有多家厂商供货，想查看进货价主要分布在哪个区间；又如，我们想看看学生在某些科目的成绩的分布情况。使用箱形图，就可以很方便地一次看到一批数据的"四分值"、平均值以及离散值。

创建箱形图的具体操作如下。

第1步 打开随书光盘中的"素材\ch08\销售价格表.xlsx"文件。

第2步 选中数据区域内的任意单元格，然后依次单击【插入】→【图表】→【查看所有图表】按钮，即可打开【插入图表】对话框，选择【所有图表】选项卡，并在左侧列表框中选择【箱形图】选项，单击【确定】按钮。

第3步 即可在当前工作表中创建一个箱形图图表，如下图所示。

8.6.13 瀑布图

瀑布图表采用绝对值与相对值结合的方式,适用于表达数个特定数值之间的数量变化关系。创建瀑布图的具体操作如下。

第1步 打开随书光盘中的"素材\ch08\销售价格表.xlsx"文件。

第2步 选中数据区域内的任意单元格，然后依次单击【插入】→【图表】→【查看所有图表】按钮，即可打开【插入图表】对话框，选择【所有图表】选项卡，并在左侧列表框中选择【瀑布图】选项，单击【确定】按钮。

第3步 即可在当前工作表中创建一个瀑布图图表，如右图所示。

8.6.14 使用组合图表

组合图是两种或是两种以上的图表类型组合在一起的图表。下面就根据销售额报表实现柱状图和折线图的组合，具体的操作如下。

第1步 打开随书光盘中的"素材 \ch08\ 第一季度销售额报表.xlsx"文件。

第2步 选中单元格区域 A2:E5，然后依次单击【插入】→【图表】→【查看所有图表】按钮，即可打开【插入图表】对话框，选择【所有图表】选项卡，并在左侧列表框中选择【组合】选项，单击【确定】按钮。

第3步 即可在当前工作表中创建一个组合图图表。

举一反三

项目预算分析图表

制作项目预算分析图表时，要做到数据准确、重点突出，使读者快速明了图表信息，可以方便地对图表进行编辑操作。下面就以制作项目预算分析图表为例进行介绍，具体操作如下。

1. 打开素材文件

打开随书光盘中的"素材\ch08\项目预算分析表.xlsx"文件。

2. 创建图表

根据表格中的数据创建柱形图。

3. 添加图表元素

添加图表元素包括添加图表标题、数据标签。

4. 美化图表

设置标题、设置水平轴中及图例的字体和字号、设置图表区。

◇ 制作双纵坐标轴图表

双纵坐标轴图表通常是指2个y坐标轴，且要表现的数据有2个系列或2个以上。制作双纵坐标轴的具体操作如下。

第1步 打开随书光盘中的"素材\ch08\各城市销售量及达成率表.xlsx"文件。

第 2 步　选中单元格区域 A1:C8，然后依次单击【插入】→【图表】→【插入柱形图或条形图】按钮，从弹出的下拉菜单中选择【二维柱形图】区域内的【簇状柱形图】选项，即可创建一个柱形图图表。

第 3 步　单击【绘图工具－格式】选项卡【当前所选内容】组中的【图表元素】下拉按钮，从弹出的下拉菜单中选择【系列（达成率）】选项。

第 4 步　此时达成率系列数据被选中，右击鼠标，从弹出的下拉菜单中选择【更改系列图表类型】选项。

第 5 步　打开【更改图表类型】对话框，然后在【为您的数据系列选择图表类型和轴】区域内单击【达成率】下拉按钮，从弹出的下拉菜单中选择【带数据标记的折线图】选项，单击【确定】按钮。

第 6 步　即可将达成率数据系列更改为折线图。

第7步 选中图表中的折线图，并右击，从弹出的下拉菜单中选择【设置数据系列格式】选项，打开【设置数据系列格式】任务窗口，然后选择【系列选项】选项卡，并选中【次坐标轴】选项。

第8步 单击【关闭】按钮 ✕，即可完成双纵坐标轴图表的制作。

◇ 分离饼图制作技巧

创建的饼状图还可以转换为分离饼图，具体的操作如下。

第1步 打开随书光盘中的"素材\ch08\人数统计表.xlsx"文件，并创建一个饼状图图表。

第2步 选择任意数据系列，并右击，从弹出的下拉菜单中选择【设置数据系列格式】选项。

第3步 打开【设置数据系列格式】任务窗口，选择【系列选项】选项卡，然后在【第一扇区起始角度】文本框中输入"19"，在【饼图分离程度】文本框中输入"19"。

第4步 单击【关闭】按钮，即可将饼状图转换为分离饼图。

◇ Excel 表中添加趋势线

趋势线是描述数据变化趋势的曲线。在实际的工作中，用户可以使用趋势线来预测数据的变化趋势。在图表中添加趋势线的具体操作如下。

第1步 打开随书光盘中的"素材 \ch08\ 销售总额.xlsx"文件，并创建一个带数据标记的折线图图表。

第2步 选中图表中的折线，并右击，从弹出的下拉菜单中选择【添加趋势线】选项。

第3步 打开【设置趋势线格式】任务窗口，在该任务窗口中用户可根据需要设置相关参数，包括线性类型、趋势线名称以及趋势预测等内容。

第4步 单击【关闭】按钮，即可添加一条趋势线。

第9章

专业数据的分析——数据透视表和透视图

本章导读

作为专业的数据分析工具，数据透视表不但可以清晰地展示出数据的汇总情况，而且对数据的分析和决策起着至关重要的作用。本章主要介绍了创建、编辑和设置数据透视表，创建透视图及切片器的应用等内容。

思维导图

9.1 公司财务分析报表

公司财务分析报表主要包括项目名称、销售额以及增长率等内容。在制作财务分析报表表时要做到准确记录公司财务销售数据。

实例名称：公司财务分析报表		
实例目的：确保能准确记录公司财务销售数据		
	素材	素材 \ch09\ 出差费用报销单 .xlsx
	结果	结果 \ch09\ 出差费用报销单 .xlsx
	录像	视频教学录像 \09 第 9 章

9.1.1 案例概述

财务分析报表是财务报告的主要组成部分，该表详细地记录了财务情况，通过对表中的数据进行分析，可以帮助经营管理人员及时发现问题，调整经营方向，制定措施改善经营管理水平，从而提高经济效益，为经济预测和决策提供依据。制作公司财务分析报表时，需要注意以下几点。

1. 数据准确

（1）制作公司财务报表时，选取单元格要准确，合并单元格要到位。

（2）Excel 中的数据分为数字型、文本型、日期型、时间型、逻辑型等，要分清财务分析报表中的数据是哪种数据类型，做到数据输入准确。

2. 便于统计

（1）制作的表格要完整，应精确对应各财务项目输入销售额数据及增长率。

（2）根据各财务项目的销售额分布情况，可以划分为第一季度、第二季度、第三季度和第四季度。

3. 界面简洁

（1）合理布局财务分析报表，避免多余数据。

（2）适当合并单元格，调整列宽和行高。

（3）字体不宜过大，单表格的标题与表头一栏可以适当加大加粗字体。

9.1.2 设计思路

制作公司财务分析报表时可以按以下的思路进行。

（1）创建空白工作簿，并对工作簿进行保存命名。

（2）在工作簿中输入文本与数据，并设置文本格式。

（3）合并单元格，并调整行高与列宽。

（4）设置对齐方式、标题及填充效果。

9.1.3 涉及知识点

本案例主要涉及以下知识点。

（1）创建空白工作簿。

（2）合并单元格。

（3）调整行高和列宽。

（4）设置数据类型。

（5）设置对齐方式。

（6）设置填充效果。

9.2 整理数据源

用户可以根据有效的数据源创建数据透视表或透视图。数据源包括 4 种类型，分别是 Excel 列表、外部数据源、多个独立的 Excel 列表和其他数据透视表。

9.2.1 判断数据源是否可用

在制作数据透视表和数据透视图之前，首先需要判断数据源是否可用，常见的判断方法如下。

（1）数据源必须要有规范的字段名，不能为空，如果选择的数据源没有字段名，将会提示如下错误信息。

（2）引用外部数据时，数据源的文件名称中不能包含"[]"。例如，在 OA 系统中下载的数据文件往往带了"[1]"，"*****[1].xls"，此时会弹出如下错误信息。解决的方法是修改文件夹名称，把"[]"去掉即可。

9.2.2 将二维表整理为一维表

在实际工作中，用户的数据往往是以二维表格的形式存在的，这样的数据表无法作为数据源创建理想的数据透视表。只能把二维的数据表格转换为一维表格，才能作为数据透视表的理想数据源。

将二维表转换为一维表的具体操作如下。

第1步 打开随书光盘中的"素材 \ch09\ 各季度产品销售情况表.xlsx"文件。

第2步 利用组合键【Alt+D】调出"OFFICE 旧版本菜单键序列"，然后按【P】键，即可打开【数据透视表和数据透视图向导】对话框，在该对话框中选中【多重合并计算数据区域】单选按钮单击【下一步】按钮。

第3步 选中该对话框中的【创建单页字段】单选按钮，单击【下一步】按钮。

第4步 将鼠标指针放在【选定区域】文本框内，此时按住鼠标左键选中单元格区域 A1:E5，最后单击【添加】按钮，即可将选择的数据区域添加到【所有区域】列表框中，单击【下一步】按钮。

第5步 然后在该对话框中选中【现有工作表】单选按钮，并在文本框中输入引用的单元格地址。

第6步 单击【完成】按钮，即可打开【数据透视表字段】任务窗口，然后在该任务窗口中只选中【值】复选框。

第7步 双击【求和项：值】下方单元格中的数值"735717"，即可将二维表转换为一维表。

9.2.3 删除数据源中的空行和空列

对于需要制作数据透视表的数据表来说，没有空行空列是一个必备条件，也是创建数据透视表的前期准备工作之一。删除数据源中的空行空列的具体操作如下。

第1步 打开随书光盘中的"素材 \ch09\ 员工工资统计表.xlsx"文件。

第2步 选中单元格区域 A1:D8，单击【开始】选项卡【编辑】组中的【查找和选择】按钮，从弹出的下拉菜单中选择【定位条件】选项，打开【定位条件】对话框，在该对话框中选择【空值】单选按钮。

第3步 单击【确定】按钮，即可将数据源中的空值单元格选中。

第4步 右击鼠标，从弹出的下拉菜单中选择【删除】选项，打开【删除】对话框，然后在该对话框中选中【下方单元格上移】单选按钮。

第5步 单击【确定】按钮，即可将空行删除。

第6步 将鼠标指针放到 B 列上右击，从弹出的下拉菜单中选择【删除】选项，将空列删除。

9.3 创建透视表

数据透视表是一种可以快速汇总大量数据的交互式方法，使用数据透视表可以深入分析数值数据。创建数据透视表的具体操作如下。

第1步 打开随书光盘中的"素材\ch09\财务分析报表.xlsx"文件。

第2步 选中单元格区域 B2:E11，单击【插入】选项卡【表格】组中的【数据透视表】按钮。

第3步 打开【创建数据透视表】对话框，此时在【表／区域】文本框中显示选中的数据区域，然后在【选择放置数据透视表的位置】区域内选中【新工作表】单选按钮，单击【确定】按钮。

第4步 即可创建一个数据透视表框架，并打开【数据透视表字段】任务窗口。

第5步 将"销售额"字段拖曳到【Σ 值】区域中，然后将"季度"和"项目"分别拖曳至【行】区域中。

第6步 单击【关闭】按钮，即可在新工作中创建一个数据透视表。

第7步 单击【保存】按钮，将创建的数据透视表保存到素材文件"财务分析报表"工作簿中。

9.4 编辑透视表

创建数据透视表后，其数据透视表中的数据不是一成不变的，用户可以根据自己的需要对数据透视表进行编辑，包括修改其布局、添加或删除字段、格式化表中的数据，以及对透视表进行复制和删除等操作。

9.4.1 修改数据透视表

数据透视表是显示数据信息的视图，不能直接修改透视表所显示的数据项。但表中的字段名是可以修改的，还可以修改数据透视表的布局，从而重组数据透视表。修改数据透视表的具体操作如下。

第1步 打开随书光盘中的"素材 \ch09\ 财务分析报表.xlsx"文件，并单击工作表标签"Sheet3"，进入该工作表。

第2步 选中数据区域内的任意单元格，并右击，从弹出的下拉菜单中选择【显示字段列表】选项。

第3步 打开【数据透视表字段】任务窗口，将"季度"字段拖曳到【列】区域中。

第4步 此时工作表中的数据透视表重组为如下图所示的透视表。

第5步 将"项目"拖曳到【列】区域中，并将"项目"拖曳到"季度"上方，此时工作表中的透视表如下图所示。

9.4.2 添加或者删除记录

用户可以根据需要随时在数据透视表中添加或者删除字段。添加和删除字段的具体操作如下。

第1步 打开随书光盘中的"素材\ch09\财务分析报表.xlsx"文件，并单击工作表标签"Sheet3"，进入该工作表。

第2步 选中数据区域内的任意单元格，并右击，从弹出的下拉菜单中选择【显示字段列表】选项，打开【数据透视表字段】任务窗口，然后在【选择要添加到报表的字段】区域内取消【季度】复选框的选中状态。

第3步 即可将该字段从数据透视表中删除。

第4步 将【行】列表框中的"季度"字段拖到【数据透视表字段】任务窗口外面，也可删除此字段。

第5步 添加字段。在【选择要添加到报表的字段】区域中，右击需要添加的字段，从弹出的下拉菜单中选择【添加到行标签】选项，即可将其添加到数据透视表中。

9.4.3 设置数据透视表选项

设置数据透视表选项的具体操作如下。

第1步 打开随书光盘中的"素材 \ch09\ 财务分析报表.xlsx"文件，并单击工作表标签"Sheet3"，进入该工作表。

第2步 单击【数据透视表工具－分析】选项卡【数据透视表】组中的【选项】按钮，从弹出下拉菜单中选择【选项】选项。

第3步 打开【数据透视表选项】对话框，在该对话框中可以设置数据透视表的布局和格式、汇总和筛选、显示等。

第4步 选择【汇总和筛选】选项卡，然后在【总计】区域内取消【显示列总计】复选框的选中状态，单击【确定】按钮。

第5步 即可查看设置后的数据透视表效果。

9.4.4 改变数据透视表的布局

改变数据透视表的布局包括设置分类汇总、设置总计、设置报表布局和空行等。设置报表布局的具体操作如下。

第1步 打开随书光盘中的"素材 \ch09\ 财务分析报表.xlsx"文件，并单击工作表标签"Sheet3"，进入该工作表。

第2步 单击【数据透视表工具－设计】选项卡【布局】组中的【报表布局】按钮，从弹出的下拉菜单中选择【以表格形式显示】选项。

第3步 即可将该数据透视表以表格的形式显示，效果如下图所示。

| 提示 |

此外，还可以从下拉菜单中选择以压缩形式显示、以大纲形式显示、重复所有项目标签和不重复项目标签等选项。

9.4.5 整理数据透视表的字段

创建数据透视表后，用户还可以根据需要对数据透视表中的字段进行整理，包括重命名字段、水平展开复合字段以及隐藏和显示字段标题。

1. 重命名字段

用户可以对数据透视表中的字段进行重命名，如将字段"总计"重命名为"销售额总计"，具体操作如下。

第1步 打开随书光盘中的"素材 \ch09\ 财务分析报表.xlsx"文件，并单击工作表标签"Sheet3"，进入到工作表。

第2步 利用组合键【Ctrl+H】打开【查找和替换】对话框，然后在【查找内容】文本框中输入"总计"，在【替换为】文本框中输入"销售额总计"。

第3步 单击【替换】按钮，再单击【关闭】按钮，返回 Excel 工作表，此时可查看重命名字段后的效果。

2. 水平展开复合字段

如果数据透视表中的行标签中含有复合字段，可以将其水平展开。具体的操作如下。

第1步 在复合字段"第二季度"上右击鼠标，从弹出的下拉菜单中选择【移动】子菜单中的【将"季度"移至列】选项。

第2步 即可水平展开复合字段。

3. 隐藏和显示字段标题

隐藏和显示字段标题的具体操作如下。

第1步 选择数据区域内的任意单元格，然后单击【数据透视表工具－分析】选项卡【显示】组中的【字段标题】按钮。

第2步 即可隐藏字段标题。

第3步 再次单击【显示】组中的【字段标题】按钮，即可显示字段标题。

| 提示 |

选中数据区域内的任意单元格，并右击，从弹出的下拉菜单中选择【数据透视表选项】选项，即可打开【数据透视表选项】对话框，选择【显示】选项卡，然后取消【显示字段标题和筛选下拉列表】复选框的选中状态，也可以隐藏字段标题。

9.4.6 刷新数据透视表

当修改了数据源中的数据后，数据透视表并不会自动更新修改后的数据，用户必须执行更新数据操作才能刷新数据透视表。修改数据后，刷新数据透视表的方法如下。

方法1：单击【数据透视表工具 – 分析】选项卡【数据】组中的【刷新】按钮，或从弹出的下拉菜单中选择【刷新】或【全部刷新】选项。

方法2：选中数据透视表数据区域中的任意单元格，并右击，从弹出的下拉菜单中选择【刷新】选项。

9.4.7 在透视表中排序

创建数据透视表后，用户还可以根据需要对透视表中的数据进行排序。数据透视表的排序不同于普通工作表表格的排序，具体的操作如下。

第1步 打开随书光盘中的"素材 \ch09\ 财务分析报表.xlsx"文件，并单击工作表标签"Sheet3"，进入该工作表。

第2步 选中 B 列中的任意单元格，然后单击【数据】选项卡【排序和筛选】组中的【升序】按钮 或【降序】按钮 ，即可根据该列数据进行排序。

9.5 数据透视表的格式设置

在工作表中创建数据透视表后，还可以对数据表的格式进行设置，包括套用内置的数据透视表样式和自定义数据透视表样式，从而使数据透视表看起来更加美观。

9.5.1 使用内置的数据透视表样式

用户可以使用系统自带的样式来设置数据透视表的格式，具体操作如下。

第1步 打开随书光盘中的"素材 \ch09\ 财务分析报表.xlsx"文件，并单击工作表标签"Sheet3"，进入该工作表。

选择

第2步 单击【数据透视表工具－设计】选项卡【数据透视表样式】组中的【其他】按钮 ，从弹出的下拉菜单中选择一种样式。

第3步 即可更改数据透视表的样式。

9.5.2 为数据透视表自定义样式

如果系统内置的数据透视表样式不能满足用户的需要，用户还可以自定义数据透视表样式，具体的操作如下。

第1步 打开随书光盘中的"素材 \ch09\ 财务分析报表.xlsx"文件，依次单击【数据透视表工具－设计】→【数据透视表样式】→【其他】按钮，从弹出的下拉菜单中选择【新建数据表透视表样式】选项。

第2步 打开【新建数据透视表样式】对话框，在【名称】文本框中输入样式的名称，在【表元素】列表框中选择【整个表】选项。

第3步 单击【格式】按钮，打开【设置单元格格式】对话框，选择【边框】选项卡，然后在【样式】列表框中选择一种线条样式，

在【颜色】下拉菜单中选择一种线条颜色，并单击【预置】区域内的【外边框】按钮，单击【确定】按钮。

第4步 返回【新建数据透视表样式】对话框，然后按照相同的方法，设置数据透视表其他元素的样式，设置完后单击【确定】按钮。

第5步 返回 Excel 工作表，再依次单击【数据透视表工具－设计】→【数据透视表样式】→【其他】按钮，从弹出的下拉菜单中选择【自定义】区域内的【数据透视表样式 1】选项。

第6步 即可应用自定义数据透视表样式。

9.5.3 设置默认样式

数据透视表的默认样式是指在新建数据透视表时就自动套用的样式。设置默认样式的具体操作如下。

第1步 打开随书光盘中的"素材 \ch09\ 财务分析报表.xlsx"文件，并选中数据区域内的任意单元格。

第2步 依次单击【数据透视表工具－设计】→【数据透视表样式】→【其他】按钮，从弹出的下拉菜单中选择一种样式，并右击，从弹出的下拉菜单中选择【设为默认值】选项。

第3步 设置完成后，当新建数据透视表时就会自动使用此样式。

9.6 创建销售数据清单透视图

创建销售数据清单透视图有两种方法，一种是直接通过数据表中的数据创建数据透视图，另一种是通过已有的数据透视表创建数据透视图。

9.6.1 通过数据区域创建数据透视图

通过数据区域创建数据透视图的具体操作如下。

第1步 打开随书光盘中的"素材 \ch09\ 各季度产品销售情况表.xlsx"文件。

第2步 创建数据透视图时，数据区域不能有空白单元格，否则数据源无效，因此，选择单元格 A1，并输入"季度"，然后使用格式刷将单元格 B1 的格式应到单元格 A1 中。

第3步 单击【插入】选项卡【图表】组中的【数据透视图】按钮，从弹出的下拉菜单中选择【数据透视图】选项。

第4步 打开【创建数据透视图】对话框，然后选择创建透视图的数据区域及放置位置，单击【确定】按钮。

第5步 即可在新工作表"Sheet2"中创建图表1和数据透视表2，并自动打开【数据透视图字段】任务窗口。

第6步 在【数据透视图字段】中选择要添加到视图的字段，如这里将字段"季度"拖曳到【轴类别】列表框中，然后分别将字段"产品 A""产品 B""产品 C"和"产品 D"拖曳到【值】列表框中。

第7步 单击【关闭】按钮，即可在该工作表中创建销售数据透视图。

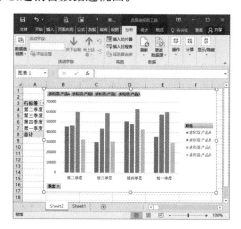

第8步 单击【保存】按钮，将创建的数据透视表和数据透视图保存到素材文件"各季度产品销售情况表"工作簿中。

9.6.2 通过数据透视表创建数据透视图

通过数据透视表创建数据透视图的具体操作如下。

第1步 打开"各季度产品销售情况表"工作簿，并选中数据区域内的任意单元格。

第2步 单击【数据透视表工具－分析】选项卡【工具】组中的【数据透视图】按钮。

第3步 打开【插入图表】对话框，然后在左侧列表框中选择【柱形图】选项，并在其子菜单中选择【簇状柱形图】选项。

第4步 单击【确定】按钮，即可创建一个数据透视图。

9.6.3 美化数据透视图

创建数据透视图后，用户还可以根据需要对数据透视图进行美化，以增强透视图的视觉效果。例如，更改图表布局、美化图表区以及设置字体和字号等，具体的操作如下。

第1步 打开"各季度产品销售情况表"工作表，并选中创建的数据透视图。

第2步 单击【数据透视图工具－设计】选项卡【图表布局】组中的【快速布局】下拉按钮，从弹出的下拉菜单中选择【布局 5】选项。

第3步 即可应用选择的图表布局样式。

第4步 选中图表区，单击【数据透视图工具－格式】选项卡【形状样式】组中的【其他】按钮，从弹出的下拉菜单中选择一种填充颜色。

第5步 应用后的效果如下图所示。

第6步 输入标题。选中【图表标题】文本框，将其中的内容删除，并重新输入标题名称"销售数据分析"。

第7步 设置标题。选中标题内容，然后在【开始】选项卡【字体】组中将字体设置为"华文新魏"，字号为"18"，在【字体颜色】

下拉菜单中选择一种字体颜色，设置后的效果如下图所示。

第8步 单击【保存】按钮，将美化后的数据透视图保存到素材文件"各季度产品销售情况表"工作簿中。

9.7 使用切片器同步筛选多个数据透视表

如果一个工作表中有多个数据透视表，可以通过在切片器内设置数据透视表连接，使切片器共享，同时筛选多个数据透视表中的数据。

使用切片器同步筛选多个数据透视表的具体操作如下。

第1步 打开随书光盘中的"素材\ch09\筛选多个数据.xlsx"文件。

第2步 选中数据区域内的任意单元格，然后单击【插入】选项卡【筛选器】组中的【切片器】按钮。

第3步 打开【插入切片器】对话框，在该对话框中选中【地区】复选框。

第4步 单击【确定】按钮，即可插入【地区】切片器，在【地区】切片器的空白区域中单击鼠标，然后单击【切片器工具－选项】选项卡【切片器】组中的【报表连接】按钮。

第5步 即可打开【数据透视表连接（地区）】对话框，选中【数据透视表5】和【数据透视表7】复选框，单击【确定】按钮。

第6步 在【地区】切片器内选择"大连"选项，此时所有数据透视表都显示出大连地区的数据。

制作日常办公费用开支透视表

公司日常费用开支表需要详细地记录各个项目的支出情况。通常该表会包含大量的数据，查看和管理这些数据就会显得非常麻烦，这时可以根据表格中的数据创建数据透视表，从而使数据更加清晰明了。

制作日常办公费用开支透视表的具体操作如下。

第1步 打开随书光盘中的"素材\ch09\公司日常办公费用开支表.xlsx"文件。

第2步 选中单元格区域 A1:C8，单击【插入】选项卡【表格】组中的【数据透视表】按钮，打开【创建数据透视表】对话框，选择数据区域和图表位置，单击【确定】按钮。

第3步 打开【数据透视表字段】任务窗口，将字段"序号"拖曳到【行】列表框中，将字段"项目"拖曳到【列】列表框中，将字段"费用支出"拖曳到【值】列表框中。

第4步 单击【关闭】按钮，即可在新工作表"Sheet2"中创建一个数据透视表。

◇ 组合数据透视表内的数据项

通过组合数据项可以查看数据汇总信息。下面就根据组合日期数据来分别显示年、季度、月的销售金额汇总信息，具体的操作如下。

第1步 打开随书光盘中的"素材 \ch09\ 销售清单.xlsx"文件。

第2步 选中【行标签】内的任意字段，并右击，从弹出的下拉菜单中选择【创建组】选项。

第3步 打开【组合】对话框，在该对话框中的【步长】列表框中分别选择【月】、【季度】、【年】选项，单击【确定】按钮。

第4步 按照年、季度、月显示汇总信息。

◇ 将数据透视表转为图片形式

将数据透视图转为图片形式的具体操作如下。

第1步 打开随书光盘中的"素材\ch09\各季度产品销售情况表.xlsx"文件，并单击工作表标签"Sheet2"，进入该工作表。

第2步 选中整个数据透视表，然后按组合键

【Ctrl+C】复制数据透视图。

第3步 单击【开始】选项卡【剪贴板】组中的【粘贴】下拉按钮，从弹出的下拉菜单中选择【图片】选项。

第4步 即可将该数据透视表以图片的形式粘贴到工作表中。

第

4

篇

高效办公实战篇

第 10 章　Excel 在企业办公中的高效应用

第 11 章　Excel 在人力资源中的高效应用

第 12 章　Excel 在市场营销中的高效应用

第 13 章　Excel 在财务管理中的高效应用

　　本篇主要介绍了 Excel 办公实战，通过本篇的学习，读者可以了解 Excel 在企业办公、人力资源、市场营销、财务管理等领域中的高效应用。

第10章

Excel 在企业办公中的高效应用

📖 本章导读

本章主要介绍 Excel 在企业办公中的高效应用，包括制作客户联系人管理表、部门经费预算汇总表和资料统计表。通过本章的学习，读者可以比较轻松地完成企业办公中的常见工作。

📶 思维导图

```
                                            新建工作簿
                                            输入数据
                                            设置字体样式
                         客户联系人管理表     数据的填充
                                            表格格式设置
                                            设置对齐方式
                                            保存工作簿

                                            新建空白工作簿
                                            输入数据并设置文本样式
Excel在企业办公中的高效应用  部门经费预算安排汇总表  合并单元格
                                            设置行高列宽
                                            设置对齐方式、填充效果
                                            另存工作簿

                                            设置数据类型
                                            使用函数
                         资料统计表          设置数据有效性
                                            套用单元格样式
                                            设置表格格式
```

10.1 客户联系人管理表

客户是企业的重要资源，在现代企业在经营管理活动中，都将客户作为企业有机整体的一部分加以科学管理，并制作客户联系人管理表，以期待客户资源的充分利用。该表通常包含了客户类别、联系人以及联系电话等重要内容。

10.1.1 设计思路

制作客户联系人管理表时可以按以下的思路进行。

（1）创建空白工作簿，并对工作簿进行保存命名。

（2）在工作簿中输入文本与数据，并设置文本格式。

（3）合并单元格，并调整行高与列宽。

（4）设置对齐方式、标题及填充效果。

（5）另存为兼容格式，共享工作簿。

10.1.2 知识点应用分析

在制作客户联系人管理表时主要使用了以下知识点。

（1）创建工作簿。在制作表格之前，需要创建一个新的工作簿，根据需要还可以重命名工作表，最后保存创建的工作簿。

（2）数据的填充。在输入相同或有规则的数据时，可以通过数据的填充，应用到其他单元格，从而提高办公效率。

（3）表格格式设置。通过表格格式设置，可以对表中文字的字体、大小、字号及颜色等进行美化，也可以对单元格和段落格式进行设置，如合并单元格、调整行高和列宽、设置对齐方式、设置填充效果等。

以上是本节案例所要用到的知识点，下面就介绍如何使用这些知识点制作客户联系人管理表。

10.1.3 案例实战

制作客户联系人管理表的具体操作如下。

1. 建立表格

第1步 启动 Excel 2016，新建一个空白工作簿，并保存为"客户联系人管理表.xlsx"工作簿。

第2步 选中单元格 A1，输入"客户联系人管理表"，按【Enter】键完成输入，然后按照相同的方法分别在单元格区域 A2:G2 中输入表头内容。

第3步 分别在单元格 A3 和 A4 中输入 "'0001" "'0002"，按【Enter】键完成输入，即可将输入的数字转换为文本格式。注意，其中的单引号需要在英文状态下输入。

第4步 利用自动填充功能，完成其他单元格的输入操作。

第5步 根据客户联系人的具体信息，输入表格的具体内容。

2. 表格的美化

第1步 合并单元格。选中单元格区域 A1:G1，然后单击【对齐方式】组中的【合并后居中】按钮，将选中的单元格区域合并成一个单元格，且标题内容居中显示。

第2步 设置标题。选中单元格 A1，然后在【开始】选项卡【字体】中将字体设置为"华文新魏"，字号为"20"，在【字体颜色】下拉菜单中选择一种颜色，设置后的效果如下图所示。

第3步 设置表头。选中单元格区域 A2:G2，在【字体】组中将字体设置为"等线"，字号为"12"，单击【加粗】按钮 **B**，并调整各列列宽，使单元格中的文本内容能够完全显示。

第4步 设置填充效果。选中单元格区域 A2:G2，利用组合键【Ctrl+1】打开【设置单元格格式】对话框，选择【填充】选项卡，在【背景色】面板中选择一种需要的填充颜色选项。

第5步 单击【确定】按钮，即可为选中的单元格区域设置填充颜色。

第6步 设置对齐方式。选中单元格区域 A2:G12，然后依次单击【开始】→【对齐方式】→【居中】按钮，将选中的内容设置为居中显示。

第7步 单击快速工具栏中的【保存】按钮，保存工作簿。

10.2 部门经费预算安排汇总表

部门经费预算是指企业为费用支出成本而做的成本预算，企业可以按照经费预算汇总表严格执行，如有超出，则需要特别的流程进行审批。事后还可以对预算和执行情况进行对比和研究分析，为下一年预算提供科学依据。

10.2.1 设计思路

制作部门经费预算汇总表时可以按以下的思路进行。

（1）创建空白工作簿，并对工作簿进行保存命名。

（2）在工作簿中输入文本与数据，并设置文本格式。

（3）合并单元格，并调整行高与列宽。

（4）设置对齐方式、标题及填充效果。

（5）另存为兼容格式，共享工作簿。

10.2.2 知识点应用分析

部门经费预算安排汇总表按一定的格式编制建立工作表即可，在使用中，主要涉及以下知识点。

（1）设置数据类型。在该表格中会使用到"货币格式"，用来记录货币相关的数据。

（2）设置条件格式。设置条件格式突出显示表格中的合计内容。

（3）美化表格。在部门经费预算安排汇总表制作完成后，还需要对表格进行美化，包括合并单元格、设置边框、设置字体和字号、调整列宽和行高、设置填充效果以及设置对齐方式等。

10.2.3 案例实战

制作部门经费预算汇总表的具体操作如下。

1. 新建"部门经费预算汇总表"工作簿

第1步 启动 Excel 2016，新建一个空白工作簿，并保存为"部门经费预算汇总表.xlsx"工作簿。

第2步 双击工作表标签"Sheet1"，使其处于编辑状态，然后重命名为"经费预算"。

2. 输入表格内容

第1步 选中单元格 A1，输入标题"部门经费预算汇总表"，按【Enter】键完成输入，然后按照相同的方法在单元格区域 A2:F2 中输入表头内容。

第2步 根据表格的具体内容，分别在各个表头列中输入内容。

3. 美化表格

第1步 合并单元格。先选中单元格区域 A1:G1，然后按住【Ctrl】键的同时再依次选中单元格区域 A3:A6、A7:A11、A12:A15、A16:A20。

第2步 依次单击【开始】→【对齐方式】→【合并后居中】按钮，将选中的单元格区域合并成一个单元格，且其中的内容居中显示。

第3步 设置标题。选择单元格 A1，利用组合键【Ctrl+1】打开【设置单元格格式】对话框，选择【字体】选项卡，按照下图所示设置字体、字形、字号和颜色。

第4步 选择【填充】选项卡，然后在【背景色】面板中选择一种填充颜色。

第5步 单击【确定】按钮，返回 Excel 工作表，即可查看设置后的效果。

第6步 设置表头。选中单元格区域 A2:G2，然后在【字体】组中将字号设置为"12"，单击【加粗】按钮，并调整列宽，使单元格中的文本能够完整显示。

第7步 选中单元格区域 A2:G21，打开【设置单元格格式】对话框，选择【对齐】选项卡，将【水平对齐】和【垂直对齐】均设置为【居中】。

第8步 选择【边框】选项卡，然后分别单击【预置】组中的【外边框】和【内部】按钮。

第9步 单击【确定】按钮，即可完成对齐方式及边框的设置。

4. 设置条件格式及数据类型

第 1 步 选中单元格区域 C3:F21，然后单击【开始】选项卡【数字】组中的【数字格式】按钮，从弹出的下拉菜单中选择【货币】选项。

第 2 步 即可将选中的数据设置为货币格式。

第 3 步 选中单元格区域 B2:B21，然后依次单击【开始】→【样式】→【条件格式】按钮，从弹出的下拉菜单中选择【突出显示单元格规则】子菜单中的【等于】选项。

第 4 步 打开【等于】对话框，在【为等于以下值的单元格设置格式】文本框中输入"合计"，然后在【设置为】下拉菜单中选择突出显示这些单元格的填充规则。

第 5 步 单击【确定】按钮，完成条件格式的设置。至此，部门经费预算汇总表就制作完成了。

10.3 资料统计表

资料统计表能使大量统计的资料系统化、条理化，从而使数据更加清晰地呈现。通过员工资料统计表，企业可以掌握员工的基本信息，并分析企业现有人力资源的整体优势与不足。

10.3.1 设计思路

制作员工资料统计表时可以按以下的思路进行。

（1）创建空白工作簿，并对工作簿进行保存命名。

（2）在工作簿中输入文本与数据，并设置文本格式。

（3）通过公式计算员工年龄及性别。

（4）合并单元格，并调整行高与列宽。

（5）设置对齐方式、标题及填充效果。

（6）另存为兼容格式，共享工作簿。

10.3.2 知识点应用分析

在制作员工资料统计表时，主要用到了以下知识点。

（1）设置数据类型。在制作表格时会输入员工身份证号，将身份证号设置为文本格式，从而使输入的身份证号能够完整显示出来。

（2）使用 DATEDIF 函数和 IF 函数从员工身份证号中提取出性别及出生日期信息。

（3）设置数据有效性。设置数据输入条件，可以根据输入信息提示快速且准确地输入数据。

（4）套用单元格样式。使用 Excel 2016 内置的单元格样式设置标题及填充效果。

（5）表格格式设置。通过表格格式设置，可以对文字内容的字体、大小、字号及颜色等进行美化，也可以对单元格和段落格式进行设置，如合并单元格、调整行高和列宽、设置对齐方式等。

10.3.3 案例实战

制作员工资料统计表的具体操作如下。

1. 建立表格

第1步 启动 Excel 2016，新建一个空白工作簿，并保存为"员工资料统计表.xlsx"工作簿。

第2步 选中单元格 A1，并输入"员工资料统计表"，按【Enter】键完成输入，然后按照相同的方法分别在其他单元格中输入表格的具体内容。

第3步 设置数据有效性。选中单元格区域 A3:A15，然后依次单击【数据】→【数据工具】→【数据验证】按钮，打开【数据验证】对话框，选择【设置】选项卡，在【允许】

下拉菜单中选择【文本长度】选项，在【数据】下拉菜单中选择【等于】选项，在【长度】文本框中输入"4"。

第 4 步 选择【输入信息】选项卡，然后在【标题】文本框中输入"请输入员工工号"，在【输入信息】列表框中输入"请输入 4 位数字的工号"。

第 5 步 选择【出错警告】选项卡，在【样式】下拉菜单中选择【停止】选项，在【标题】文本框中输入"输入错误！"，在【错误信息】列表框中输入"输入错误，请重新输入4 位数字的工号！"。

第 6 步 单击【确定】按钮，返回 Excel 工作表，此时单击 A3：A15 区域内的任意单元格，都会显示输入信息提示，并且当输入不满足设置条件的数据时，都会弹出【输入错误】警告框。

第 7 步 根据设置的数据有效性，完成员工工号的输入操作。

第8步 输入身份证号。选中单元格 E3，先在其中输入"'"，然后输入身份证号，即可将输入的身份证号转换为文本格式，按照相同的方法，在单元格区域 E4:E15 中输入其他员工的身份证号。

2. 使用函数从身份证号中提取性别和年龄

第1步 选中单元格 F3，输入公式"=IF(MOD(RIGHT(LEFT(E3,17)),2)," 男 "," 女 ")"，按【Enter】键确认输入，即可在选中的单元格中显示第一位员工的性别信息。

第2步 复制公式。利用自动填充功能，计算出其他员工的性别信息。

第3步 选中单元格 G3，输入公式"=--TEXT(MID(E3,7,6+(LEN(E3)=18)*2),"#-00-00")"，按【Enter】键确认输入，即可在选中的单元格中显示第一位员工的出生日期信息。

第4步 复制公式。利用自动填充功能，提取出其他员工的出生日期信息。

3. 套用单元格样式

第1步 合并单元格。选中单元格区域 A1:I1，然后依次单击【开始】→【对齐方式】→【合并后居中】按钮，将选中的单元格区域合并为一个单元格，且标题内容居中显示。

第2步 选中单元格 A1，单击【开始】选项卡【样式】组中的【单元格样式】按钮。从弹出的下拉菜单中选择【标题】区域内的【标题 1】选项。

第3步 即可应用选择的标题样式。

第4步 选中单元格区域 A2:I15，单击【样式】组中的【单元格样式】按钮，从弹出的下拉菜单中选择【主题单元格样式】区域内的【20% - 着色 2】选项。

第5步 即可在选中的单元格区域内应用主题单元格样式。

4. 文本段落格式化

第1步 选中单元格区域 A2:I2，在【开始】选项卡【字体】组中将字号设置为"12"，然后单击【加粗】按钮，并调整各列列宽，使单元格中的字体完整的显示出来。

第2步 选中单元格区域 A2:I15，利用组合键【Ctrl+1】打开【设置单元格格式】对话框，选择【对齐】选项卡，将【水平对齐】和【垂直对齐】均设置为【居中】。

第3步 选择【边框】选项卡，在【颜色】下拉菜单中选择一种线条颜色，依次单击【预置】组中的【外边框】和【内部】按钮。

第4步 单击【确定】按钮，即可完成对齐方式及边框的设置。至此，就完成了员工资料统计表的制作及美化。

第11章
Excel 在人力资源中的高效应用

本章导读

本章主要介绍 Excel 在人力资源管理中的高效应用，包括制作公司年度培训计划表、员工招聘程序流程图以及员工绩效考核表。通过这些知识的介绍，读者可以掌握案例的设计思路和操作技巧。

思维导图

11.1 公司年度培训计划表

为了提高员工和管理人员的素质，提高公司的管理水平，企业常常会制定完善的年度培训计划，对员工进行有效的培训。公司年度培训计划表一般包括课培训类别、培训名称、培训目标、培训时间以及培训方式等内容。

11.1.1 设计思路

制作公司年度培训计划表时可以按以下的思路进行。
（1）创建空白工作簿，并对工作簿进行保存命名。
（2）在工作簿中输入文本与数据，并设置文本格式。
（3）设置单元格样式。
（4）合并单元格，并调整行高与列宽。
（5）设置对齐方式、标题及边框。
（6）另存为兼容格式，共享工作簿。

11.1.2 知识点应用分析

年度培训计划表按一定的格式编制建立工作表即可，在使用中，主要涉及以下知识点。
（1）使用艺术字。艺术字可以增加字体的美感，在 Excel 中主要用于标题，这样可以使标题更加醒目且美观。
（2）套用表格样式。Excel 2016 提供了 60 种表格样式，方便用户快速套用样式，制作出漂亮的表格。

11.1.3 案例实战

制作公司年度培训计划表的具体操作如下。

1. 建立表格

第1步 启动 Excel 2016，新建一个空白工作簿，并保存为"2016 年度培训计划表.xlsx"工作簿。

第2步 选中单元格 A2，并输入"序号"，按【Enter】键完成输入，然后按照相同的方法在单元格区域 B2:K2 中输入表头内容。

第 3 步 选中单元格区域 A3:K15，并在其中输入表格具体内容。

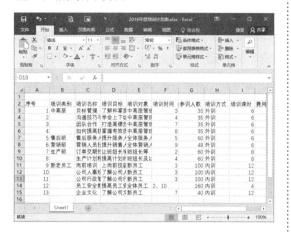

2. 使用艺术字

第 1 步 单击【插入】选项卡【文本】组中的【艺术字】按钮，从弹出的下拉菜单中选择一种艺术字选项。

第 2 步 在工作表中插入一个艺术字文本框，输入标题"2016 年度培训计划表"，并将字体设置为"36"。

第 3 步 适当地调整第 1 行的行高，然后将艺术字拖拽至单元格区域 A1:K1 位置处。

3. 文本段落格式化

第 1 步 选中单元格区域 A2:K2，在【开始】选项卡【字体】组中将字号设置为"12"，单击【加粗】按钮，并调整各列列宽，使单元格中的字体完整的显示出来。

第 2 步 选中单元格区域 A2:K15，利用组合键【Ctrl+1】打开【设置单元格格式】对话框，选择【对齐】按钮，将【水平对齐】和【垂直对齐】均设置为【居中】，选中【文本控制】区域内的【自动换行】复选框。

第3步 选择【边框】选项卡，依次单击【预置】组中的【外边框】和【内部】按钮。

第4步 单击【确定】按钮，即可返回 Excel 工作表查看设置后的效果。

第5步 合并单元格。依次选中单元格区域 B3:B6、B9:B10、B11:B13、K7:K8，然后单击【开始】选项卡【对齐方式】组中的【合并后居中】按钮，将选中的单元格区域合并成一个单元格。

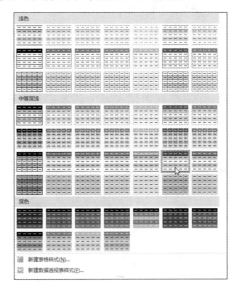

4. 套用表格格式

第1步 选中单元格 A2:K15，单击【开始】选项卡【样式】组中的【套用表格格式】按钮，从弹出的下拉菜单中选择【中等深浅】区域内的【表样式中等深浅 20】选项。

第2步 打开【套用表格式】对话框，单击【确定】按钮。

第4步 取消数据筛选状态。套用表格样式后，表格中的数据自动处于筛选状态，此时只需要单击【数据】选项卡【排序和筛选】组中的【筛选】按钮，即可取消数据筛选状态。至此，就完成了公司年度计划表的制作及美化。

第3步 即可套用选择的表格样式。

11.2 员工招聘程序流程图

随着经济的快速发展和人才的大量流动，企业之间的竞争日益激烈，以人为本的企业制度成为企业立足的根本，因此，人才招聘是人力资源管理中非常重要的一环。尤其是当企业出现需要快速填补职位空缺时，人力资源部门就应先制定一份完整的招聘流程图，以确保优秀人才的补充。企业员工招聘流程图的制作及应用可以帮助企业人力资源管理者获得人才，并为各个部门的紧密协作提供有力的保障。

11.2.1 设计思路

制作员工招聘程序流程图时可以按以下的思路进行。
（1）创建空白工作簿，并对工作簿进行保存命名。
（2）绘制招聘流程图的表格。
（3）应用自选图形绘制招聘流程图。

（4）在招聘程序流程图中输入文本信息。

（5）美化招聘程序流程图。

（6）另存为兼容格式，共享工作簿。

11.2.2 知识点应用分析

在制作招聘程序流程图时，主要涉及以下知识点。

（1）设置边框。设置边框来绘制招聘程序流程图的表格。

（2）插入形状。Excel 2016 自带了多种形状，从中选取"流程图：可选过程"形状和"流程图：决策"形状来绘制招聘流程图的具体内容。

（3）设置单元格格式。设置单元格格式是制作流程图必不可少的操作之一，本案例中主要设置单元格的对齐方式及字体格式。

11.2.3 案例实战

制作员工招聘程序流程图的具体操作如下。

1. 绘制表格

第1步　启动 Excel 2016，新建一个空白工作簿，保存为"员工招聘程序流程图.xlsx"工作簿。

第2步　设置表格边框。选中单元格区域 A2:F2，利用组合键【Ctrl+1】打开【设置单元格格式】对话框，选择【边框】选项卡，依次单击【预置】组中的【外边框】和【内部】按钮。

第3步　单击【确定】按钮，即可为选中的单元格区域设置边框线。

第4步　选中单元格区域 B3:E57，并打开【设置单元格格式】对话框，选择【边框】选项卡，在【预置】选项组中单击【外边框】按钮，并单击【边框】组中的按钮⊞。

第5步 单击【确定】按钮，即可将选中的单元格区域设置成如下图所示的样式。

第6步 选中单元格区域 A57:F57，并打开【设置单元格格式】对话框，选择【边框】选项卡，然后单击【边框】组中的按钮⊞。

第7步 单击【确定】按钮，即可将选中的单元格区域设置成如下图所示的样式。

第8步 根据需要调整表格的行高和列宽，调整后的效果如下图所示。

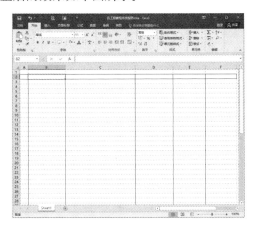

2. 应用自选图形绘制招聘程序流程图

第1步 插入形状。依次单击【插入】→【插图】→【形状】按钮，从弹出的下拉菜单中选择【流程图】区域内的【流程图：可选过程】选项。

第2步 此时鼠标指针变成 ✚ 形状，单击工作表中的任意位置开始绘制一个"流程图：可选过程"图形。

第3步 此时连续按 16 次【F4】键，即可在工作表中再添加 16 个相同的图形。

第4步 在【形状】下拉菜单中选择【流程图】区域内的【流程图：决策】选项，然后单击工作表中的任意位置开始绘制一个"流程图：决策"图形，并按照步骤 3 的方法再添加一个相同的图形。

第5步 移动形状至合适的位置并根据需要对它们进行合适的高度和宽度调整，设置后的效果如下图所示。

第6步 插入线条。在【形状】下拉菜单中选择【线条】区域内的【肘形箭头连接符】选项，然后在工作表中绘制一条连接"流程图：可选过程"图形和"流程图：决策"图形的线条，最后按照相同的方法再绘制两条连接线条，并调整其位置。

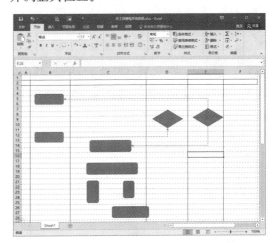

第7步 依次在工作表中插入 14 个"下箭头"形状、4 个"右箭头"形状、1 个"左箭头"形状和 2 个"上箭头"形状。

第 8 步 根据流程图的具体内容移动并调整所有箭头到合适的位置，最终的效果如下图所示。

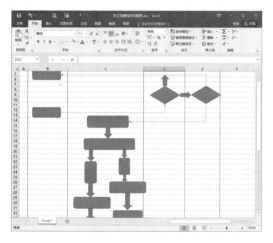

3. 添加文字

第 1 步 输入标题信息。选中单元格 A1，输入"员工程序招聘流程图"。

第 2 步 选中单元格区域 B2:F2，并在其中分别输入"用人部门""人力资源部""用人部门分管领导""总经理""关联流程"。

第 3 步 在工作表中选中任意一个形状，并右击，从弹出的下拉菜单中选择【编辑文字】选项。

第 4 步 此时该形状处于编辑状态，根据企业招聘流程图的具体内容输入"取消或延迟"，然后按照相同的方法在余下的形状中输入相应的文本信息。

4. 设置单元格格式

第1步 合并单元格。选中单元格区域 A1:F1，依次单击【开始】→【对齐方式】→【合并后居中】按钮，将选中的单元格区域合并成一个单元格。

第2步 设置标题。选中单元格 A1，在【字体】组中将字体设置为"微软雅黑"，字号为"20"，在【字体颜色】下拉菜单中选择一种颜色选项，并调整该行的行高，使单元格中的字体能够完整的显示出来。

第3步 选中单元格区域 B2:F2，在【字体】组中将字号设置为"12"，单击【加粗】按钮，并单击【对齐方式】组中的【居中】按钮，设置后的效果如下图所示。

第4步 按住【Ctrl】键的同时依次选中流程图中的所有形状，然后在【对齐方式】组中分别单击【垂直居中】按钮和【居中】按钮，即可将形状中的字体设置为水平居中和垂直居中，效果如下图所示。

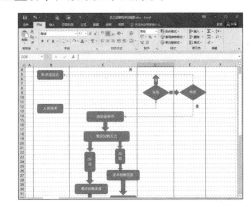

5. 美化员工招聘程序流程图

第1步 设置形状样式。选中招聘流程图中的所有形状，然后单击【绘图工具－格式】选项卡【形状样式】组中的【其他】按钮，从弹出下拉菜单中选择一种形状样式。

第2步 即可应用选择的形状样式。

消其选中状态，即可将网格线隐藏起来，从而使整个 Excel 工作界面显得简洁美观。至此，就完成了员工招聘程序流程图的制作及美化。

第3步 取消网格线的显示。单击【视图】选项卡【显示】组中的【网格线】复选框，取

11.3 员工绩效考核表

依据员工绩效考核表，可以对员工的工作业绩、工作能力、工作态度以及个人品德等进行评价和统计，并根据评估的结果对员工将来的工作行为和工作业绩产生正面引导的作用。因此，建立员工考评管理系统可以帮助企业更好地发展。

11.3.1 设计思路

制作员工业绩考核表时可以按以下的思路进行。

（1）创建空白工作簿，并对工作簿进行保存命名。

（2）在工作簿中输入文本与数据。

（3）合并单元格，并调整行高与列宽。

（4）设置对齐方式、边框及填充效果。

（5）另存为兼容格式，共享工作簿。

11.3.2 知识点应用分析

在本节案例中，员工绩效考核表主要使用以下知识点。

（1）设置字体格式。设置字体格式主要是对表格内的字体、字形、字号、颜色及特殊效果的设置。

（2）设置对齐方式。本案例中主要设置文本对齐方式和文本控制（合并单元格）内容，使表格看起来更加美观。

（3）强制换行。使用组合键【Alt + Enter】强制将表格中的内容换行显示。

（4）设置填充效果。为表格中的部分内容设置填充效果，以突出显示该内容。

（5）设置边框。本案例中主要使用自定义边框，用户可以根据需要自定义边框线条样式和颜色等。

11.3.3 案例实战

制作员工绩效考核表的具体操作如下。

1. 建立表格

第1步 启动 Excel 2016，新建一个空白工作簿，并保存为"员工绩效考核表.xlsx"工作簿。

第2步 输入表格内容。分别在单元格 A1 及单元格区域 A2:I40 中输入表格标题名称和具体内容。

2. 设置单元格格式

第1步 选中单元格 A1，依次单击【开始】→【对齐方式】→【合并后居中】按钮，从弹出的下拉菜单中选择【合并单元格】选项，即可将选中的单元格区域合并成一个单元格。

第2步 按照相同的方法合并表格中需要合并的单元格区域。

第3步 根据需要调整表格的行高和列宽，使表格中的文字能够完整地显示出来。

第4步 强制换行。将鼠标光标放置在单元格 A5 的"考核标准及分数"文本内容后，按下组合键【Alt + Enter】，即可将其强制换行显示。

第5步 设置自动换行。选中单元格区域 A38:A39，依次单击【开始】→【对齐方式】→【自动换行】按钮，即可将选中的文本内容自动换行显示。

第6步 设置对齐方式。依次选中单元格区域 A1:I6、E7:I36、A37:A40 以及单元格 B19、B26、B31、B36 和 A37，然后单击【对齐方式】组中的【居中】按钮，即可将选中的文本内容设置为居中显示。

第7步 选中单元格区域 A2:I40，利用组合键【Ctrl+1】打开【设置单元格格式】对话框，选择【边框】选项卡，然后分别选择【外边框】和【内部】的线条样式。

第8步 单击【确定】按钮，即可为表格设置边框。

3. 美化表格

第1步 设置标题。选择单元格 A1，在【字体】选项组中将字体设置为"华文新魏"，字号为"20"，并在【字体颜色】下拉菜单中选择需要的字体颜色，单击【加粗】按钮，设置后的效果如下图所示。

第2步 分别选中单元格区域 B19:G19、B26:G26、B31:G31 和 B36:G36，并打开【设置单元格格式】对话框，选择【填充】选项卡，然后在【背景色】面板中选择一种填充颜色。

第3步 单击【确定】按钮，即可为选中的单元格区域设置填充效果。至此，就完成了员工绩效考核表的制作及美化。

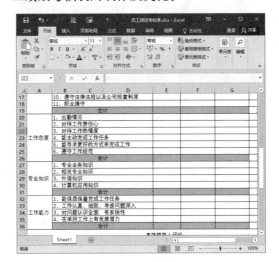

第12章
Excel 在市场营销中的高效应用

📄 本章导读

　　作为 Excel 的最新版本，Excel 2016 具有强大的数据分析管理能力，在市场营销管理中有着最广泛的应用。本章根据其在市场营销中的实际应用状况，详细介绍了市场营销项目计划表、产品销售分析与预测以及进销存管理表的制作及美化。

📍 思维导图

12.1 市场营销项目计划表

市场营销项目计划表主要用于对市场营销的状况进行分析，是对营销项目进行分析、计划、执行和控制的过程管理。通过市场营销计划表，企业可以及时掌握营销项目的执行状态以及对项目成本的估计，从而对企业的发展起到引导作用。

12.1.1 设计思路

在制作市场营销计划表时可以按以下的思路进行。
（1）创建空白工作簿，并对工作簿进行保存命名。
（2）在工作簿中输入文本与数据。
（3）合并单元格，并调整行高与列宽。
（4）设置对齐方式及填充效果。
（5）套用单元格样式设置标题。
（6）另存为兼容格式，共享工作簿。

12.1.2 知识点应用分析

在本案例中将使用的知识点有如下几点。
（1）设置填充效果。针对不同单元格区域设置填充效果以突出显示其中的内容，在本案例中突出显示项目执行的状态。
（2）设置数据类型。在本案例，会使用到"货币格式"，用来记录货币相关的数据。
（3）套用单元格样式。使用 Excel 自带的单元格样式来设置标题，可以使标题看起来更加醒目美观。
（4）设置边框。添加边框可以增强表格的整体效果，使之更为规整。

12.1.3 案例实战

制作市场营销项目计划表的具体操作如下。

1. 建立表格

第1步 启动 Excel 2016，新建一个空白工作簿，并保存为"市场营销项目计划表.xlsx"工作簿。

第2步 选中单元格 A1，输入"市场营销项目计划表"，按【Enter】键完成输入，按照相同的方法在单元格区域 A2:K2 中输入表头内容。

第3步 根据营销项目计划在表格中输入具体内容。

2. 设置单元格格式

第1步 合并单元格。分别选中单元格区域 A1:J1、A2:A3、B2:B3、C2:C3、D2:D3、E2:F2、G2:H2 和 I2:J2，依次单击【开始】→【对齐方式】→【合并后居中】按钮，从弹出的下拉菜单中选择【合并单元格】选项，将选中的单元格区域合并成一个单元格。

第2步 设置表头字体和字号。选中单元格区域 A2:J3，在【字体】组中将字体设置为"宋体"，字号为"12"，单击【加粗】按钮，并调整列宽，使单元格中的字体能够完整地显示出来。

第3步 设置数据类型。选中单元格区域 I4:J15，依次单击【开始】→【数字】→【数字格式】按钮，从弹出的下拉菜单中选择【货币】选项，即可将选中的数据设置为货币格式。

第4步 设置对齐方式。选中单元格区域 A1:J15，单击【对齐方式】组中的【居中】按钮，即可将选中的内容设置为居中显示。

第5步 设置标题。选中单元格 A1，依次选择【开始】→【样式】→【单元格样式】菜单命令，从弹出的下拉菜单中选择【标题】区域的【标题1】选项。

第6步 即可应用选择的标题格式。

3. 设置填充效果

第1步 选择单元格区域 A4:J4，利用组合键【Ctrl+1】打开【设置单元格格式】对话框，选择【填充】选项卡，在【背景色】面板中选择一种填充颜色。

第2步 单击【确定】按钮，即可为选中的单元格区域设置填充效果。

第3步 按照相同的方法，并根据"状态"的分类，将属于同一类状态的单元格区域设置

为相同的填充效果，然后调整各行的行高。

第4步 选中单元格区域 A3:J15，并打开【设置单元格格式】对话框，选择【边框】选项卡，然后选择外部线条样式，并选择线条颜色，单击【边框】区域内的按钮和按钮。

第5步 在【设置单元格格式】对话框中，先选择内部线条样式，再选择线条颜色，然后单击【边框】区域内的按钮和按钮。

第6步 单击【确定】按钮，即可返回 Excel 工作表中查看设置后的效果。至此，就完成了市场营销项目计划表的制作。

12.2 产品销售分析与预测

在对产品的销售数据进行分析时，可以使用图表来直观地展示产品销售状况，还可以添加趋势线来预测下个周期的销售情况，从而更加方便地分析数据。

12.2.1 设计思路

在对产品销售进行分析与预测时可以按以下的思路进行。

（1）创建空白工作簿，并对工作簿进行保存命名。

（2）创建销售图表。

（3）设置图表格式。

（4）添加趋势线预测下个月销售情况。

（5）使用函数预测销售量。

12.2.2 知识点应用分析

在本案例中主要运用了以下知识点。

（1）插入图表。对于数据分析来说，图表是直观的，且易发现数据变化的趋势，是市场营销类表格最常用的功能。

（2）美化图表。创建图表后，还可以对图表进行美化操作，使图表看起来更加美观。

（3）添加趋势线。添加趋势线可以清楚地显示出当前销售的趋势和走向，有助于数据的分析和梳理。

（4）使用 FORECAST 函数，可以根据一条线性回归拟合线返回一个预测值。使用此函数可以对未来销售额、库存需求或消费趋势进行预测。在本案例中将预测 12 月份的销量数据。

12.2.3 案例实战

制作产品销售分析图表的具体操作如下。

1. 创建销售图表

第1步 打开随书光盘中的"素材 \ch12\ 产品销售统计表.xlsx"文件。

第2步 选中单元格区域 A1:B13，然后单击【插入】选项卡【图表】组中的【插入折线图或面积图】按钮 ，从弹出的下拉菜单中选择【带数据标记的折线图】选项。

第3步 即可在当前工作表中插入折线图图表。

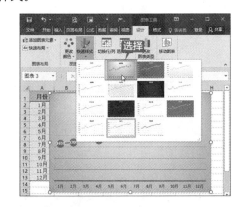

2. 设置图表格式

第1步 选中创建的图表，然后单击【图表工具－设计】选项卡【图表样式】组中的【其他】按钮，从弹出的下拉菜单中选择一种图表的样式。

第2步 即可更改图表的样式。

第3步 选中图表区，然后单击【图表工具－格式】选项卡【形状样式】组中的【其他】按钮，从弹出的下拉菜单中选择一种形状样式。

第4步 即可完成图表区的美化。

第5步 选中标题文本框，然后单击【图表工具－设计】选项卡【艺术字样式】组中的【其他】按钮，从弹出的下拉菜单中选择一种艺术字样式。

第6步 即可为图表标题添加艺术字效果。

3. 添加趋势线

第1步 选中图表,然后单击【图表工具-设计】选项卡【图表布局】组中的【添加图表元素】按钮,从弹出的下拉菜单中选择【趋势线】子菜单中的【线性】选项。

第2步 即可为图表添加线性趋势线。

第3步 选中添加的趋势线,并右击,从弹出的下拉菜单中选择【设置趋势线格式】选项,即可打开【设置趋势线格式】任务窗口,然后在此窗口中设置趋势线的填充线条、颜色、宽度等。

第4步 设置后的效果如下图所示。

4. 预测销售量

第1步 选中单元格区域 A2:A13,然后将其中的内容按下图所示进行修改。

第2步 选中单元格 B13,并输入公式"=FORECAST(A13,B2:B12,A2:A12)"。

第3步 按【Enter】键确认公式的输入，即可计算出 12 月份销售量的预测结果。至此，就完成了产品销售的分析与预测。

12.3 进销存管理表

为了更直观地了解企业进销存信息，制作进销存表格成为了企业管理必不可少的工作。对于一个小型企业来说，就可以使用 Excel 2016 制作进销存管理表来代替专业的进销存软件，从而节约企业成本。进销存管理表一般包括了上月结存、本月入库、本月出库以及本月结存等内容。

12.3.1 设计思路

在制作进销存管理表时可以按以下的思路进行。

（1）创建空白工作簿，并对工作簿进行保存命名。

（2）输入表格的基本信息。

（3）定于名称来简化进销存管理表的录入工作。

（4）使用相关的公式计算表中的数量、单价和金额等内容。

（5）美化进销存管理表。

（6）另存为兼容格式，共享工作簿。

12.3.2 知识点应用分析

在制作进销存管理表时主要使用了以下知识点。

（1）使用公式。可以快速计算出结果，本案例主要使用的是求和与除法公式，以算出本月结存的数量以及单价。

（2）定义名称。本案例中主要对物料编号和物料名称进行自定义名称，从而简化输入工作，提高工作效率。

（3）套用表格格式。使用 Excel 自带的表格样式，可以快速对表格进行美化。

（4）表格格式设置。通过表格格式设置，可以对表中文字的字体、大小、字号及颜色等进行美化，也可以对单元格和段落格式进行设置，如合并单元格、调整行高和列宽、设置对齐方式等。

12.3.3 案例实战

制作进销存管理表的具体操作如下。

1. 建立表格

第1步 启动 Excel 2016，新建一个空白工作簿，并保存为"进销存管理表.xlsx"工作簿。

第2步 选中单元格 A1，并输入"5 月份进销存管理表"，按【Enter】键完成输入，然后按照相同的方法分别在其他单元格中输入表头内容。

第3步 单击工作表"Sheet1"右侧的【新工作表】按钮，新建一个空白工作表，并将其重命名为"数据源"，然后在该表中输入如下图所示的内容。

第4步 定义名称。在"数据源"工作表中，选中单元格区域 A1:A11，然后依次单击【公式】→【定义的名称】→【根据所选内容创建】菜单命令，即可打开【以选定区域创建名称】对话框，在该对话框中选中【首行】复选框。

第5步 单击【确定】按钮，即可创建一个"物料编号"的名称。然后按照相同的方法将单元格区域 B1:B11 进行自定义名称，并可单击【定义的名称】组中的【名称管理器】按钮，在打开的【名称管理器】中查看自定义的名称。

第6步 打开"Sheet1"工作表，并选中单元格区域 A4:A13，然后依次单击【数据】→【数据工具】→【数据验证】菜单命令，即可打开【数据验证】对话框，选择【设置】选项卡，在【允许】下拉菜单中选择【序列】选项，在【来源】文本框中输入"= 物料编号"。

第7步 单击【确定】按钮，即可为选中的单元格区域设置下拉菜单。

第8步 选中单元格B4，输入公式"=IF(A4="","",VLOOKUP(A4，数据源!$A$1:$B$11,2,))"，按【Enter】键确认输入，即可填充与A4单元格对应的名称。

2. 使用公式

第1步 在A5:A13区域内的下拉菜单中选择物料编号，完成"物料编号"的录入工作，然后选中单元格B4，利用自动填充的功能，计算出与物料编号对应的名称。

第2步 分别输入上月结存、本月入库、本月出库以及本月结存中的"数量""单价"等数据。

第3步 选中单元格E4，并输入公式"=C4*D4"，按【Enter】键完成输入，即可计算出上月结存的金额。

第4步 复制公式。利用自动填充的功能，完成其他单元格的计算。

第5步 按照相同的方法计算本月入库和本月出库的金额。

第6步 选中单元格 L4，并输入公式"=C4+F4 −I4"，按【Enter】键确认输入，即可计算出本月结存中的数量，然后利用自动填充功能，完成其他单元格的操作。

第7步 选中单元格 N4，并输入公式 "=E4+H4−K4"，按【Enter】键确认输入，即可计算出本月结存的金额，然后利用自动填充功能，完成其他单元格的操作。

第8步 选中单元格 M4，并输入公式 "=IFER

ROR(N4/L4,"")"，按【Enter】键确认输入，即可计算出本月结存中的单价，然后利用自动填充功能，完成其他单元格的操作。

3. 设置单元格格式

第1步 合并单元格。分别选中单元格区域 A1:N1、A2:B2、C2:E2、F2:H2、I2:K2 和 L2:N2，依次单击【开始】→【对齐方式】→【合并后居中】按钮，从弹出的下拉菜单中选择【合并单元格】选项，即可将选中的单元格区域合并成一个单元格。

第2步 设置标题。选中单元格 A1，然后在【字体】组中将字体设置为"华文新魏"，字号为"20"，在【字体颜色】下拉菜单中选择一种字体颜色，并单击【加粗】按钮。

第3步 设置表头字号。选中单元格区域 A2:N2，在【字体】组中将字号设置为"12"，并单击【加粗】按钮。

第4步 设置对齐方式。选中单元格区域 A1:N13，依次单击【对齐方式】组中的【居中】按钮，即可将选中的内容设置为居中显示。

4. 套用表格格式

第1步 选中单元格区域 A2:N13，依次单击【开

始】→【样式】→【套用表格格式】按钮，从弹出的下拉菜单中选择一种表格样式。

第2步 打开【套用表格式】对话框，单击【确定】按钮。

第3步 即可套用选择的表格样式。

第4步 选中单元格区域 A2:N2，单击【数据】选项卡【排序和筛选】组中的【筛选】按钮，即可取消数据筛选状态。至此，就完成了进销存管理表的制作及美化。

第13章

Excel 在财务管理中的高效应用

😑 本章导读

通过分析公司财务报表，能对公司财务状况及整个经营状况有个基本的了解，从而对公司内在价值作出判断。本章主要介绍如何制作员工实发工资单、现金流量表和分析资产负债管理表等操作，让读者对 Excel 在财务管理中的高级应用技能有更加深刻的理解。

◉ 思维导图

13.1 公司员工实发工资表

本章节主要学习员工实发工资表的制作过程。

13.1.1 设计思路

员工的实发工资就是实际发到员工手中的工资。通常情况下，实发工资是应发工资减去应扣款后的金额，应发工资主要包括基本工资、加班费、全勤奖、技术津贴、行政奖励、职务津贴、工龄奖金、绩效奖、其他补助等，应扣款主要包括社会保险、考勤扣款、行政处罚、代缴税款等。

因此，若要计算实发工资，需要先建立员工工资表，该表应包含基本工资、职位津贴与业绩奖金、福利、考勤等基本工作表，通过这些包含着基础数据的工作表，才能统计出实发工资。

13.1.2 知识点应用分析

在制作公司员工实发工资表前，先对需要用到的知识点进行以下分析。

1. 函数的应用

使用 VLOOKUP 函数计算员工的应发工资，有关 VLOOKUP 函数的介绍如下。

语法结构：VLOOKUP(lookup_value,table_array,col_index_num,[range_lookup])。

功能介绍：按行查找，返回表格中指定列所在行的值。

参数含义：lookup_value 是必选参数，表示要在表格的第一列中查找的数值，可以是数值、引用或文本字符串；table_array 是必选参数，表示需要在其中查找数据的数据表；col_index_num 是必选参数，表示 table_array 中待返回的匹配值的列号；range_lookup 是可选参数，为一个逻辑值，指定 VLOOKUP 函数查找精确匹配值还是近似匹配值，若省略，则返回近似匹配值。

2. 个人所得税

个人所得税是国家相关法律法规规定的，在月收入达到一定金额后需要向国家税务部门缴纳的一部分税款。计算公式为：应缴个人所得税 =（月应税收入 –3500）× 税率 – 速算扣除数。具体的应缴个人所得税标准如下图所示。

应缴个人所得税标准

起征点		3500	
应纳税所得额	月应税收入-起征点		
级数	含税级距	税率	速算扣除数
1	不超过1500元的部分	0.03	0
2	超过1500元~4500元的部分	0.1	105
3	超过4500元~9000元的部分	0.2	555
4	超过9000元~35000元的部分	0.25	1005
5	超过35000元~55000元的部分	0.3	2755
6	超过55000元~80000元的部分	0.35	5505
7	超过80000元的部分	0.45	13505

> **|提示|**
>
> 　　月应税收入是指在工资应得基础上，减去按标准扣除的养老保险、医疗保险和住房公积金等免税项目后的金额，本例中没有包含养老保险等，因此这里月应税收入等于应发工资减去考勤扣款后的金额。注意，这里规定考勤扣款为税前扣除，该项可由公司自行决定是税前扣除还是税后扣除。

3. 数据的填充

需要套用同一公式时，可以通过数据的填充，应用到其他单元格，可以大大提高办公效率。

13.1.3 案例实战

公司员工实发工资表的制作流程是：首先计算员工应发工资，然后计算应扣个人所得税金额，最后是计算每位员工当月实发工资金额。为了方便领取工资，还可以创建每位员工的工资条。

1. 计算员工应发工资

具体的操作步骤如下。

（1）制作基本工资的内容。

第1步 在 Excel 2016 中，新建"员工工资表.xlsx"工作簿，新建"基本工资"工作表、"职位津贴与业绩奖金"工作表、"福利"工作表、"考勤"工作表以及"实发工资"工作表等。其中"基本工资"工作表的内容如下图所示。

第2步 "职位津贴与业绩奖金"工作表的内容如下图所示。

第3步 "福利"工作表的内容如下图所示。

第4步 "考勤表"工作表的内容如下图所示。

![员工考勤管理表工作表截图]

第5步 "个人所得税标准"工作表的内容如下图所示。

![应缴个人所得税标准工作表截图]

第6步 "实发工资"工作表的内容如下图所示。获取基本工资金额。在"实发工资"工作表中选择单元格E3，在其中输入公式"=VLOOKUP(A3,基本工资!$A$3:$E$15,5)"，按【Enter】键确认输入，即可从"基本工资"工作表中查找并获取员工"薛仁贵"的基本工资金额。

![实发工资工作表E3公式截图]

第7步 利用填充柄的快速填充功能，将E3单元格中的公式应用到其他单元格中，获取其

他员工的基本工资金额。

![实发工资工作表基本工资填充截图]

（2）计算各种奖金福利。

获取职位津贴金额。在"实发工资"工作表中选择单元格F3，在其中输入公式"=VLOOKUP(A3,职位津贴与业绩奖金!$A$3:$G$15,5)"，按【Enter】键确认输入，即可从"职位津贴与业绩奖金"工作表中查找并获取员工"薛仁贵"的职位津贴金额。

![实发工资工作表F3公式截图]

第1步 利用填充柄的快速填充功能，将F3单元格中的公式应用到其他单元格中，获取其他员工的职位津贴金额。

![实发工资工作表职位津贴填充截图]

第2步 获取业绩奖金金额。在"实发工资"

工作表中选择单元格 G3，在其中输入公式"=VLOOKUP(A3, 职位津贴与业绩奖金!$A$3:$G$15,6))"，按【Enter】键确认输入，即可从"职位津贴与业绩奖金"工作表中查找并获取员工"薛仁贵"的业绩奖金金额。

第 3 步 利用填充柄的快速填充功能，将 G3 单元格中的公式应用到其他单元格中，获取其他员工的业绩奖金金额。

第 4 步 获取福利待遇金额。在"实发工资"工作表中选择单元格 H3，在其中输入公式"=VLOOKUP(A3, 福利!$A$3:$I$15,9)"，按【Enter】键确认输入，即可从"福利"工作表中查找并获取员工"薛仁贵"的福利待遇金额。

第 5 步 利用填充柄的快速填充功能，将 H3 单元格中的公式应用到其他单元格中，获取其他员工的福利待遇金额。

第 6 步 获取全勤奖金额。在"实发工资"工作表中选择单元格 I3，在其中输入公式"=VLOOKUP(B3, 考勤!A$3:F$15,6,FALSE))"，按【Enter】键确认输入，即可从"考勤"工作表中查找并获取员工"薛仁贵"的全勤奖金额。

第 7 步 利用填充柄的快速填充功能，将 I3 单元格中的公式应用到其他单元格中，获取其他员工的全勤奖金额。

第8步 计算应发工资金额。在"实发工资"工作表中选择单元格 J3，在其中输入公式"=SUM(E3:I3)"，按【Enter】键确认输入，即可计算出员工"薛仁贵"的应发工资金额。

工号	姓名	部门	级别	基本工资	职位津贴	业绩奖金	福利待遇	全勤奖	应发工资
F1042001	薛仁贵	经理室	经理	¥4,500	¥2,500	¥2,000	¥2,100	¥100	¥11,2
F1042002	李奇	人事部	主管	¥3,500	¥1,800	¥1,500	¥1,700	¥0	
F1042003	王英	人事部	职员	¥3,000	¥1,000	¥1,000	¥1,300	¥100	
F1042004	戴高	财务部	主管	¥3,500	¥1,800	¥1,500	¥1,700	¥0	
F1042005	赵晓琴	财务部	职员	¥3,000	¥1,000	¥1,000	¥1,300	¥0	
F1042006	周冲	财务部	职员	¥3,000	¥1,000	¥1,000	¥1,300	¥0	
F1042007	蔡洋	销售部	主管	¥3,500	¥1,800	¥1,500	¥1,700	¥100	
F1042008	王波	销售部	职员	¥3,000	¥1,000	¥1,000	¥1,300	¥100	
F1042009	刘森林	销售部	职员	¥3,000	¥1,000	¥1,000	¥1,300	¥100	
F1042010	钱进	研发部	主管	¥3,500	¥1,800	¥1,500	¥1,700	¥0	
F1042011	孙贤周	研发部	职员	¥3,000	¥1,000	¥1,000	¥1,300	¥0	
F1042012	吴爱	研发部	职员	¥3,000	¥1,000	¥1,000	¥1,300	¥0	
F1042013	李霜	研发部	职员	¥3,000	¥1,000	¥1,000	¥1,300	¥100	

第9步 利用填充柄的快速填充功能，将 J3 单元格中的公式应用到其他单元格中，计算其他员工的应发工资金额。

工号	姓名	部门	级别	基本工资	职位津贴	业绩奖金	福利待遇	全勤奖	应发工资
F1042001	薛仁贵	经理室	经理	¥4,500	¥2,500	¥2,000	¥2,100	¥100	¥11,200
F1042002	李奇	人事部	主管	¥3,500	¥1,800	¥1,500	¥1,700	¥0	¥8,500
F1042003	王英	人事部	职员	¥3,000	¥1,000	¥1,000	¥1,300	¥100	¥6,400
F1042004	戴高	财务部	主管	¥3,500	¥1,800	¥1,500	¥1,700	¥0	¥8,500
F1042005	赵晓琴	财务部	职员	¥3,000	¥1,000	¥1,000	¥1,300	¥0	¥6,300
F1042006	周冲	财务部	职员	¥3,000	¥1,000	¥1,000	¥1,300	¥0	¥6,300
F1042007	蔡洋	销售部	主管	¥3,500	¥1,800	¥1,500	¥1,700	¥100	¥8,600
F1042008	王波	销售部	职员	¥3,000	¥1,000	¥1,000	¥1,300	¥100	¥6,400
F1042009	刘森林	销售部	职员	¥3,000	¥1,000	¥1,000	¥1,300	¥100	¥6,400
F1042010	钱进	研发部	主管	¥3,500	¥1,800	¥1,500	¥1,700	¥0	¥8,500
F1042011	孙贤周	研发部	职员	¥3,000	¥1,000	¥1,000	¥1,300	¥0	¥6,300
F1042012	吴爱	研发部	职员	¥3,000	¥1,000	¥1,000	¥1,300	¥0	¥6,300
F1042013	李霜	研发部	职员	¥3,000	¥1,000	¥1,000	¥1,300	¥100	¥6,400

2. 计算应扣个人所得税金额

若要计算应扣个人所得税，首先应获取考勤扣款，从而计算出月应税收入，然后依据上述公式计算个人所得税，具体的操作步骤如下。

第1步 获取考勤扣款。在"实发工资"工作表中选择单元格 K3，在其中输入公式"=VLOOKUP(B3,考勤!A\$3:F\$15,5,FALSE)"，按【Enter】键确认输入，即可从"考勤"工作表中查找并获取员工"薛仁贵"的考勤扣款金额。

第2步 利用填充柄的快速填充功能，将 K3 单元格中的公式应用到其他单元格中，获取其他员工的考勤扣款金额。

工号	姓名	部门	级别	基本工资	职位津贴	业绩奖金	福利待遇	全勤奖	应发工资	考勤扣款
F1042001	薛仁贵	经理室	经理	¥4,500	¥2,500	¥2,000	¥2,100	¥100	¥11,200	¥0
F1042002	李奇	人事部	主管	¥3,500	¥1,800	¥1,500	¥1,700	¥0	¥8,500	¥15
F1042003	王英	人事部	职员	¥3,000	¥1,000	¥1,000	¥1,300	¥100	¥6,400	¥0
F1042004	戴高	财务部	主管	¥3,500	¥1,800	¥1,500	¥1,700	¥0	¥8,500	¥60
F1042005	赵晓琴	财务部	职员	¥3,000	¥1,000	¥1,000	¥1,300	¥0	¥6,300	¥23
F1042006	周冲	财务部	职员	¥3,000	¥1,000	¥1,000	¥1,300	¥0	¥6,300	¥60
F1042007	蔡洋	销售部	主管	¥3,500	¥1,800	¥1,500	¥1,700	¥100	¥8,600	¥0
F1042008	王波	销售部	职员	¥3,000	¥1,000	¥1,000	¥1,300	¥100	¥6,400	¥0
F1042009	刘森林	销售部	职员	¥3,000	¥1,000	¥1,000	¥1,300	¥100	¥6,400	¥0
F1042010	钱进	研发部	主管	¥3,500	¥1,800	¥1,500	¥1,700	¥0	¥8,500	¥90
F1042011	孙贤周	研发部	职员	¥3,000	¥1,000	¥1,000	¥1,300	¥100	¥6,400	¥0
F1042012	吴爱	研发部	职员	¥3,000	¥1,000	¥1,000	¥1,300	¥0	¥6,300	¥75
F1042013	李霜	研发部	职员	¥3,000	¥1,000	¥1,000	¥1,300	¥100	¥6,400	¥0

第3步 计算个人所得税。在"实发工资"工作表中选择单元格 L3，在其中输入公式"=ROUND(MAX((J3−K3−3500)*{0.03,0.1,0.2,0.25,0.3,0.35,0.45}−{0,105,555,1005,2755,5505,13505},0),2)"，按【Enter】键确认输入，即可计算员工"薛仁贵"应缴的个人所得税。

工号	姓名	部门	级别	基本工资	职位津贴	业绩奖金	福利待遇	全勤奖	应发工资	考勤扣款	个人所得税
F1042001	薛仁贵	经理室	经理	¥4,500	¥2,500	¥2,000	¥2,100	¥100	¥11,200	¥0	¥985
F1042002	李奇	人事部	主管	¥3,500	¥1,800	¥1,500	¥1,700	¥0	¥8,500	¥15	
F1042003	王英	人事部	职员	¥3,000	¥1,000	¥1,000	¥1,300	¥100	¥6,400	¥0	
F1042004	戴高	财务部	主管	¥3,500	¥1,800	¥1,500	¥1,700	¥0	¥8,500	¥60	
F1042005	赵晓琴	财务部	职员	¥3,000	¥1,000	¥1,000	¥1,300	¥0	¥6,300	¥23	
F1042006	周冲	财务部	职员	¥3,000	¥1,000	¥1,000	¥1,300	¥0	¥6,300	¥60	
F1042007	蔡洋	销售部	主管	¥3,500	¥1,800	¥1,500	¥1,700	¥100	¥8,600	¥0	
F1042008	王波	销售部	职员	¥3,000	¥1,000	¥1,000	¥1,300	¥100	¥6,400	¥0	
F1042009	刘森林	销售部	职员	¥3,000	¥1,000	¥1,000	¥1,300	¥100	¥6,400	¥0	
F1042010	钱进	研发部	主管	¥3,500	¥1,800	¥1,500	¥1,700	¥0	¥8,500	¥90	
F1042011	孙贤周	研发部	职员	¥3,000	¥1,000	¥1,000	¥1,300	¥100	¥6,400	¥0	
F1042012	吴爱	研发部	职员	¥3,000	¥1,000	¥1,000	¥1,300	¥0	¥6,300	¥75	
F1042013	李霜	研发部	职员	¥3,000	¥1,000	¥1,000	¥1,300	¥100	¥6,400	¥0	

> **提示**
>
> ROUND 函数可将数值四舍五入，后面的"2"表示四舍五入后保留两位小数。

第 4 步 利用填充柄的快速填充功能，将 L3 单元格中的公式应用到其他单元格中，计算其他员工应缴的个人所得税。

3. 计算每位员工当月实发工资金额

在统计出影响员工当月实发工资的相关因素金额后，可以很容易地统计出员工当月实发工资，具体的操作步骤如下。

第 1 步 计算员工的应扣工资。在"实发工资"工作表中选择单元格 M3，在其中输入公式"=SUM(K3:L3)"，按【Enter】键确认输入，即可计算出员工"薛仁贵"当月的应扣工资。

第 2 步 利用填充柄的快速填充功能，将 M3 单元格中的公式应用到其他单元格中，计算出其他员工当月的应扣工资。

第 3 步 计算员工的实发工资。在"实发工资"

工作表中选择单元格 N3，在其中输入公式"=J3−M3"，按【Enter】键确认输入，即可计算出员工"薛仁贵"当月的实发工资。

第 4 步 利用填充柄的快速填充功能，将 N3 单元格中的公式应用到其他单元格中，计算其他员工当月的实发工资。

4. 创建每位员工的工资条

大多数公司在发工资时，会发给员工工资条，这样员工对自己当月的工资明细情况一目了然。在创建工资条前，请先在员工工资表中建立"工资条"工作表，如下图所示。注意，在建立该工作表后，将单元格区域 E3:N3 的格式设置为货币格式。

下面使用 VLOOKUP 函数获取每位员工相对应的工资信息。具体的操作步骤如下。

（1）获取员工的基本信息，工资和奖金福利。

第1步 获取工号为"F1042001"的员工工资条信息。在"工资条"工作表的 A3 单元格中输入工号"F1042001"。

第2步 选择单元格 B3，在其中输入公式"=VLOOKUP(A3,实发工资！$A$3:$N$15,2)"，按【Enter】键确认输入，即可获取工号为"F1042001"的员工姓名。

第3步 选择单元格 C3，在其中输入公式"=VLOOKUP(A3,实发工资！$A$3:$N$15,3)"，按【Enter】键确认输入，即可获取工号为"F1042001"的员工部门。

第4步 选择单元格 D3，在其中输入公式"=VLOOKUP(A3,实发工资！$A$3:$N$15,4)"，按【Enter】键确认输入，即可获取工号为"F1042001"的员工级别。

第5步 选择单元格 E3，在其中输入公式"=VLOOKUP(A3,实发工资！$A$3:$N$15,5)"，按【Enter】键确认输入，即可获取工号为"F1042001"的员工基本工资。

第6步 选择单元格 F3，在其中输入公式"=VLOOKUP(A3,实发工资！$A$3:$N$15,6)"，按【Enter】键确认输入，即可获取工号为"F1042001"的员工职位津贴，如下图所示。

第7步 选择单元格 G3，在其中输入公式"=VLOOKUP(A3,实发工资！$A$3:$N$15,7)"，按【Enter】键确认输入，即可获取工号为"F1042001"的员工业绩奖金。

第8步 选择单元格 H3，在其中输入公式"=VLOOKUP(A3,实发工资！$A$3:$N$15,8)"，按【Enter】键确认输入，即可获取工号为"F1042001"的员工福利待遇。

第9步 选择单元格 I3，在其中输入公式"=VLOOKUP(A3,实发工资！$A$3:$N$15,9)"，按【Enter】键确认输入，即可获取工号为"F1042001"的员工全勤奖。

（2）计算员工的实发工资和复制多个工资条。

第1步 选择单元格 J3，在其中输入公式"=VLOOKUP(A3,实发工资！\$A\$3:\$N\$15,10)"，按【Enter】键确认输入，即可获取工号为"F1042001"的员工应发工资。

第2步 选择单元格 K3，在其中输入公式"=VLOOKUP(A3,实发工资！\$A\$3:\$N\$15,11)"，按【Enter】键确认输入，即可获取工号为"F1042001"的员工考勤扣款。

第3步 选择单元格 L3，在其中输入公式"=VLOOKUP(A3,实发工资！\$A\$3:\$N\$15,12)"，按【Enter】键确认输入，即可获取工号为"F1042001"的员工个人所得税。

第4步 选择单元格 M3，在其中输入公式"=VLOOKUP(A3,实发工资！\$A\$3:\$N\$15,13)"，按【Enter】键确认输入，即可获取工号为"F1042001"的员工应扣工资。

第5步 选择单元格 N3，在其中输入公式"=VLOOKUP(A3,实发工资！\$A\$3:\$N\$15,14)"，按【Enter】键确认输入，即可获取工号为"F1042001"的员工实发工资。

第6步 快速创建其他员工的工资条。选中单元格区域 A2:N3，将光标定位在区域右下角的方块上，当鼠标指针变成 ✚ 形状时，向下拖动鼠标，即可得到其他员工的工资条。

工资条创建完成后，需要对页边距、打印方向等进行设置，设置完成后，将工资条打印出来，并裁剪成一张张的小纸条，即完成了每个员工的工资条的制作。

13.2 现金流量表

企业现金流量表的作用通常有：反映企业现金流入和流出的原因；反映企业偿债能力；反映企业未来获利能力，即企业支付股息的能力。

13.2.1 设计思路

作为现金流量编制基础的现金，包括现金和现金等价物。其中现金是指库存现金和可以随意存取而不受任何限制的各种银行存款；现金等价物是指期限短、流动性强、容易变换成已知金额的现金，并且价值变动风险较小的短期有价证券等。

现金收入与支出可称为现金流入与现金流出，现金流入与现金流出的差额称为现金净流量。企业的现金收支可分为三大类，即经营活动产生的现金流量表、投资活动产生的现金流量、筹资活动产生的现金流量。

要制作现金流量表，首先需要在工作表中根据需要输入各个项目的名称以及四个季度对应的数据区域。然后将需要计算的区域添加底纹效果，并设置数据区域的单元格格式，如会计专用格式。最后使用公式计算现金流量区域，如现金净流量、现金及现金等价物增加净额等。

13.2.2 知识点应用分析

本节的项目现金流量表的制作，主要涉及以下知识点内容。

1. 工作表美化

Excel 2016 自带了许多单元格样式，用户可以快速应用，且起到美化作用，对于一些较为正式的表格，还可以增加边框，使内容显得更加整齐。同时使用冻结窗格的方法，使工作表看起来更整齐。

2. 使用 NOW( ) 函数

使用 NOW( ) 函数可以添加当前时间，从而实时记录工作表编辑者添加内容的时间。

3. 使用 SUM 函数

SUM 求和函数，是最常用的函数，在本案例中，可以用于合计现金流的流入和流出合计金额。

13.2.3 案例实战

1. 制作现金流量表内容

具体的操作步骤如下。

第1步　启动 Excel 2016 应用程序，双击 Sheet1 工作表标签，进入标签重命名状态，输入"现金流量表"名称，按下【Enter】键确认输入。

第2步　切换到【文件】选项卡，选择左侧列

表中的【另存为】选项，单击【浏览】按钮，即可弹出【另存为】对话框，选择文档保存的位置，在"文件名"文本框中输入"现金流量表.xlsx"，单击【保存】按钮，即可保存整个工作簿。

第3步　在"现金流量表"工作表中输入其中

的各个项目，其现金流量表是以一年中的四个季度的现金流量为分析对象，A 列中为现金流量表的各个项目，B 列至 E 列为四个季度对应的数据区域。

第 4 步 接下来为"现金流量表"工作表中相应的单元格设置字体的格式并为其填充背景颜色，再为整个工作表添加边框和设置底纹效果，并根据需要适当地调整列宽，设置数据的显示方式等操作。

第 5 步 选中 B4:E30 单元格区域，然后右击，从弹出的快捷菜单中选择【设置单元格格式】菜单项，即可弹出【设置单元格格式】对话框，单击【数字】选项卡，在【分类】列表框中选择【会计专用】；在【小数位数】微调框中输入"2"；在"货币符号"下拉列表中选择【¥】，最后单击【确定】按钮，即可完成单元格的设置。

第 6 步 由于表格中的项目较多，需要滚动窗口查看或编辑时，标题行或标题列会被隐藏，这样非常不利于数据的查看，所以对于大型表格来说，可以通过冻结窗格的方法来使标题行或列始终显示在屏幕上，这里只需要选定 B4 单元格，然后在【视图】选项卡下的【窗口】选项组中，单击【冻结窗格】右边的下三角按钮，从弹出的下拉菜单中选择"冻结拆分窗格"选项。

第 7 步 窗格冻结后，无论是向右还是向下滚动窗口时，被冻结的行和列始终显示在屏幕上，同时工作表中还将显示水平和垂直冻结线。

2. 使用函数添加日期

日期是会计报表的要素之一，接下来将为大家介绍如何利用函数向报表中添加日期，其具体的操作步骤如下。

第 1 步 选中 E2 单元格，然后在【公式】选项卡下的【函数库】组中，单击【插入函数】按钮，即可弹出【插入函数】对话框。

第2步 此时在 Excel 工作表的 E2 单元格及公式编辑栏中，将自动插入符号"="。

第3步 在【搜索函数】文本框中输入所需要函数的名称，单击【转到】按钮，将会转至查找的函数。

第4步 此时在【选择函数】列表框中将会显示要查找的函数。如果并不知道函数的名称，还可以根据函数的类别进行搜索，若单击【或选择类别】右侧的按钮，可从下拉列表中选择函数的类别。

第5步 单击【确定】按钮，将会弹出【函数参数】对话框，在【TEXT】区域中的【Value】文本框中输入"NOW()"，在【Format_text】文本框中输入"e 年"。

第6步 在【函数参数】对话框中输入函数的同时，其工作表中的公式编辑栏和 E2 单元格中也会显示公式的代码。

第7步【确定】按钮，将关闭【函数参数】对话框，此时 E2 单元格中显示了当前公式的运算结果为"2016"。

3. 现金流量区域内的公式计算

下面将为大家介绍如何计算现金流量表中的相关项目，在进行具体操作之前，首先要了解现金流量表中各项的计算公式。

现金流入 – 现金流出 = 现金净流量

经营活动产生的现金流量净额 + 投资产生的现金流量净额 + 筹资活动产生的现金流量净额 = 现金及现金等价物增加净额

期末现金合计 – 期初现金合计 = 现金净流量

在实际工作中，当设置好现金流量表的格式后，可以通过总账筛选或汇总相关数据，来填制现金流量表，在 Excel 中可以通过函数实现。具体的操作步骤如下。

第1步 在"现金流量表"工作表中 B5:E7、B9:E12、B16:E19、B21:E23、B27:E29、B31:E33 单元格区域中，分别输入表格内容，其输入大量数据后的显示效果。

第2步 选中 B5:B8 单元格区域，然后在【公式】选项卡下的【函数库】组中，单击【自动求和】右侧的按钮，从弹出的下拉菜单中选择"求和"选项，即可在 B8 单元格中显示对 B5:B7 中的数据求和。

第3步 再选中 B8 单元格，将光标移到单元格

的右下角，当光标变为 **+** 形状时，按住左键不放往右拖曳，到达相应的 E8 单元格位置后释放鼠标，即可实现 E8 单元格的公式输入。

第4步 同理，在 B13 单元格中计算出经营活动产生的现金流出小计。当然也可以直接选中该单元格，然后在公式编辑栏中输入"=SUM(B9:B12)"求和公式，按下【Enter】键，也可成功计算出经营活动产生的现金流出小计。

第5步 再选中 B13 单元格，将光标移到单元格的右下角，当光标变为 **+** 形状时，按住左键不放往右拖曳，到达相应的 E13 单元格位置后释放鼠标，即可实现 E13 单元格的公式输入。

第6步 根据"现金净流量 = 现金流入 – 现金流出"的计算公式，可以在 B14 单元格中输入"=B8–B13"公式，按下【Enter】键确认输入，即可计算出经营活动产生的现金流量净额。

第 8 步 采用同样的方法，分别设置公式计算投资与筹资活动产生的现金流入小计、现金流出小计和现金净流量，其计算结果如下图所示。

第 7 步 再选中 B14 单元格，将光标移到单元格的右下角，当光标变为╋形状时，按住左键不放往右拖曳，到达相应的 E14 单元格位置后释放鼠标，即可实现 E14 单元格的公式输入。

13.3 分析资产负债管理表

资产负债表又称为财务状况表，是反映公司在某一特定日期（如月末、季末、年末）全部资产、负债和所有者权益情况的会计报表。通过分析公司的资产负债表，能够揭示出公司偿还短期债务的能力、公司经营稳健与否及公司经营风险的大小等。

13.3.1 设计思路

在比较资产负债表中，可以对资产负债表中的期末金额与期初金额进行比较分析，从而得出两个时期中各个项目金额的增减情况。在分析之前，请先在"公司财务报表"中建立"比较资产负债表"工作表，并在表中输入基础数据信息，例如各流动资产项目的期初数、期末数等，如右图所示。

13.3.2 知识点应用分析

本节的项目资产负债表的制作和分析，主要涉及以下知识点。

1. 设置百分比的格式

本案例中需要将金额变动设置为百分比的形式。

2. 使用公式

本案例输入公式"=IF(I6=0,0,K6/I6)"，以计算"短期借款"的增加（减少）百分比。

3. 使用函数

本案例使用 ABS 函数计算相应项目增加（减少）金额的正数，便于金额排序。

4. 数据的填充

需要套用同一公式时，可以通过数据填充将公式应用到其他单元格，从而大大提高办公效率。

5. 在排序时使用函数

在排序的过程中使用 RANK 函数，它的语法结构如下。

RANK(number,ref,[order])

功能：返回一个数字在数字列表中的排位，数字的排位是其相对于列表中其他值的大小。

参数：number 是必选参数，表示需要找到排位的数字；ref 是必选参数，表示数字列表数组或对数字列表的引用，该参数中的非数值型数据将被忽略；order 是可选参数，表示一个指定排位方式的数字，如果 order 为 0 或省略，Excel 将按照降序排列，如果 order 不为 0，Excel 将按照升序排列。

13.3.3 案例实战

下面开始统计资产合计和负债及所有者权益合计，并对期初资产负债表与期末资产负债表中各个项目的金额进行比较分析，具体的操作步骤如下。

（1）计算资产合计与负债及所有者权益合计金额。

资产合计包括流动资产和固定资产合计，负债及所有者权益合计包括滚动负债和股东权益合计，使用 SUM 函数即可分别计算出它们在期初和期末的合计金额，具体的操作步骤如下。

第1步 打开随书光盘中的"素材 \ch13\ 公司财务报表.xlsx"文件，在"比较资产负债表"工作表中选择单元格 B16，在其中输入公式"=SUM(B6:B15)"，按【Enter】键确认输入，即可计算出期初的流动资产合计金额。

合键，然后分别选择单元格 C16、I16 和 J16，按下【Ctrl+V】组合键，将公式复制粘贴到这些单元格中，即可计算出期末的滚动资产合计金额以及期初期末的流动负债合计金额。

第2步 选择单元格 B16，按下【Ctrl+C】组

第3步 选择单元格 B21，其中输入公式"=SUM(B18:B20)"，按【Enter】键确认输入，

即可计算出期初的固定资产合计金额。

第4步 选择单元格 B21，按下【Ctrl+C】组合键，然后分别选择单元格 C21、I21 和 J21，按下【Ctrl+V】组合键，将公式复制粘贴到这些单元格中，即可计算出期末的固定资产合计金额以及期初期末的股东权益合计金额。

第5步 选择单元格 B22，其中输入公式"=B16+B21"，按【Enter】键确认输入，即可计算出期初的资产合计金额，如下图所示。

第6步 选择单元格 B22，按下【Ctrl+C】组合键，然后分别选择单元格 C22、I22 和 J22，按下【Ctrl+V】组合键，将公式复制粘贴到这些单元格中，即可计算出期末的资产合计金额以及期初期末的负债及所有者权益合计金额，如下图所示。

（2）计算资产负债表中的期初与期末增加（减少）金额。

首先计算流动资产和固定资产的期初和期末金额变化；然后计算流动负债和股东权益的期初和期末金额变化。

具体的操作步骤如下。

第1步 计算资产的增加（减少）金额。计算公式为：增加（减少）金额＝期末数－期初数，选择单元格 D6，并在其中输入公式"=C6－B6"，按下【Enter】键确认输入，即可计算出"货币资金"的增加（减少）金额。

第2步 利用填充柄的快速填充功能，将单元格 D6 中的公式应用到其他单元格中，即可计算出资产中所有项目期初与期末的增加（减少）金额。

第3步 计算资产的增加（减少）百分比。其计算公式为：增加（减少）百分比＝增加（减少）

金额／期初数，选择单元格 E6，在其中输入公式"=IF(B6=0,0,D6/B6)"，按下【Enter 键】确认输入，即可计算出"货币资金"的增加（减少）百分比。

第4步 利用填充柄的快速填充功能，将单元格 E6 中的公式应用到其他单元格中，即可计算出资产中所有项目期初与期末的增加（减少）百分比。

第5步 将以小数形式显示的百分比数值转换为百分比数据类型。选择单元格区域 E6:E22，右击鼠标，在弹出的快捷菜单中选择【设置单元格格式】菜单命令，打开【设置单元格格式】对话框，单击【分类】列表框中的【百分比】选项，在右侧设置小数位数为"2"。

第6步 设置完成后，单击【确定】按钮，此时单元格区域 E6:E22 的数值以百分比的形式显示出来，并保留了 2 位小数。

第7步 计算负债及所有者权益的增加（减少）金额。其计算公式为：增加（减少）金额 = 期末数 − 期初数，选择单元格 K6，在其中输入公式"=J6-I6"，按下【Enter 键】确认输入，即可计算出"短期借款"的增加（减少）金额。

第8步 利用填充柄的快速填充功能，将单元格 K6 中的公式应用到其他单元格中，即可计算出负债及所有者权益中所有项目期初与期末的增加（减少）金额。

第9步 计算负债及所有者权益的增加（减少）

百分比。其计算公式为：增加（减少）百分比＝增加（减少）金额／期初数，选择单元格 L6，在其中输入公式"=IF(I6=0,0,K6/I6)"，按下【Enter】键确认输入，即可计算出"短期借款"的增加（减少）百分比。

第 12 步 设置完成后，单击【确定】按钮，此时单元格区域 L6：L22 的数值以百分比的形式显示出来，并保留 2 位小数位数。

第 10 步 利用填充柄的快速填充功能，将单元格 L6 中的公式应用到其他单元格中，即可计算出负债及所有者权益中所有项目期初与期末的增加（减少）百分比。

（3）建立"金额排序"和"比率排序"的辅助表。

在计算资产负债表的"金额排序"和"比率排序"之前，由于在对"增加（减少）金额"进行排序时，一些显示合计值的单元格不能参与排序运算，只有去除这些显示合计值的单元格，才能正确显示每个项目的增减排序。因此，需要建立一个用于辅助排序的表格，具体的操作步骤是先制作资产类数据清单；再制作负债权益类数据清单。

第 1 步 根据已知资产负债表的相关数据信息，在单元格区域 P3：U17 中输入相应的数据信息，设置单元格的格式，效果如下图所示。

第 11 步 将以小数形式显示的百分比数值转换为百分比数据类型。选择单元格区域 L6：L22，右击鼠标，在弹出的快捷菜单中选择【设置单元格格式】菜单命令，打开【设置单元格格式】对话框，单击【分类】列表框中的【百分比】选项，在右侧设置小数位数为"2"。

第2步 选择单元格 Q5，在其中输入公式"=ABS(D6)"，按下【Enter】键，即可计算出"货币资金"的增加（减少）金额。

| 提示 |

使用 ABS 函数计算出相应项目增加(减少)金额的正数，方便用于金额排序。

第3步 利用填充柄的快速填充功能，将单元格 Q5 中的公式向下填充到单元格 Q14，即可计算出流动资产中各项目的增加(减少)金额。

第4步 按照相同的原理，选择单元格 Q15，输入公式"=ABS(D18)"，按下【Enter】键，即可计算出"固定资产净值"的增加（减少）金额。

| 提示 |

由于这里所提取的数值信息在资产负债表中的存放顺序不是依次排列的，因此，必须一个一个地获取，而不能使用 Excel 的自动复制公式功能，进行快速获取。

第5步 利用填充柄的快速填充功能，将单元格中的公式向下填充到单元格 Q17，即可计算出固定资产中各项目的增加（减少）金额。

第6步 选择单元格区域 Q5:Q17，将光标定位在右下角的方块上，向右拖动鼠标，将区域中的公式向右填充到单元格区域 R5:R17，即可计算出资产中各项目的增加(减少)百分比。

第7步 将以小数形式显示的百分比数值转换为百分比数据类型。选择单元格区域 R5:R17，右击鼠标，在弹出的快捷菜单中选择【设置单元格格式】选项，打开【设置单元格格式】对话框，单击【分类】列表框中的【百分比】选项，在右侧设置小数位数为"2"。

第8步 设置完成后，单击【确定】按钮，此时单元格区域 R5:R17 的数值以百分比的形式显示出来，并保留了 2 位小数位数。

第11步 按照相同的原理，选择单元格 T15，在其中输入公式"=ABS(K18)"，按下【Enter】键，即可计算出"实收资本"的增加（减少）金额。

第9步 选择单元格 T5，在其中输入公式"=ABS(K6)"，按下【Enter】键，即可计算出"短期借款"的增加（减少）金额。

第12步 利用填充柄的快速填充功能，将单元格中 T15 的公式向下填充到单元格 T17，即可计算出股东权益中各项目的增加（减少）金额。

第10步 利用填充柄的快速填充功能，将单元格 T5 中的公式向下填充到单元格 T14，即可计算出流动负债中各项目的增加（减少）金额。

第13步 选择单元格区域 T5:T17，将光标定位在右下角的方块上，向右拖动鼠标，将区域中的公式向右填充到单元格区域 U5:U17，即可计算出负债及所有者权益中各项目的增加（减少）百分比。

第14步 将以小数形式显示的百分比数值转换为百分比数据类型。选择单元格区域U5:U17，右击鼠标，在弹出的快捷菜单中选择【设置单元格格式】菜单命令，打开【设置单元格格式】对话框，单击【分类】列表框中的【百分比】选项，在右侧设置小数位数为"2"。

第15步 设置完成后，单击【确定】按钮，此时单元格区域U5:U17的数值以百分比的形式显示出来，并保留了2位小数位数。至此，用于辅助排序的数据表就创建完成了。

（4）对增加（减少）金额与比率进行排序。

在建立"金额排序"与"比率排序"辅助表之后，就可以对增加（减少）金额与比率进行排序了。

具体的操作步骤如下。

第1步 计算"货币资金"在资产类项目中其增加（减少）金额的排序。选择单元格F6，在其中输入公式"=IF(D6=0,"",RANK(ABS(D6),$Q$5:$Q$17))"，按下【Enter】键，即可计算出单元格D6的数值在单元格区域Q5:Q17中的排位。

第2步 利用填充柄的快速填充功能，将单元格F6中的公式向下填充到单元格F20，即可计算出其他项目在资产类项目中其增加（减少）金额的排序。

提示

在对增加（减少）金额与百分比进行排序计算的过程中，资产负债表中关于合计值的项目不能参加排序，如果将计算排序的公式应用到合计值项目中，其返回的结果是"#N/A"，说明某个值对于该计算公式或函数不可用，例如单元格F16。

第3步 计算"货币资金"在资产类项目中其增加（减少）百分比的排序。选择单元格G6，在其中输入公式："=IF(E6=0,"",RANK(ABS(E6),$R$5:$R$17))"，按下【Enter】键，即可计算出单元格 E6 的数值在单元格区域 R5:R17 中的排位。

第4步 利用填充柄的快速填充功能，将单元格 G6 中的公式向下填充到单元格 G20，即可计算出其他项目在资产类项目中增加（减少）百分比的排序。

第5步 计算"短期借款"在负债及所有者权益类项目中增加（减少）金额的排序。选择单元格 M6，在其中输入公式"=IF(K6=0,"",RANK(ABS(K6),$T$5:$T$17))"，按下【Enter】键，即可计算出单元格 K6 的数值在单元格区域 T5:T17 中的排位。

第6步 利用填充柄的快速填充功能，将单元格 M6 中的公式向下填充到单元格 M20，即可计算出其他项目在负债及所有者权益类项目中增加（减少）金额的排序。

第7步 计算"短期借款"在负债及所有者权益类项目中其增加（减少）百分比的排序。选择单元格 N6，在其中输入公式："=IF(L6=0,"",RANK(ABS(L6),$U$5:$U$17))"，按下【Enter】键，即可计算出单元格 L6 的数值在单元格区域 U5:U17 中的排位。

第8步 利用填充柄的快速填充功能，将单元格 N6 中的公式向下填充到单元格 N20，即可计算出其他项目在负债及所有者权益类项目中增加（减少）百分比的排序。

在完成上述所有的操作后，用户就可以在"比较资产负债表"工作表中直观地比较分析期末各项目的增加（减少）金额、增加（减少）百分比与期初各项目的增加（减少）金额、增加（减少）百分比，为企业管理者在财务决策上提供了有力的依据。

第

5

篇

高手秘籍篇

第 14 章　Excel 文档的打印

第 15 章　宏与 VBA 的应用

第 16 章　Office 组件间的协作

　　本篇主要介绍了 Excel 高手秘籍，通过本篇的学习，读者可以学习 Excel 文档的打印、宏与 VBA 的应用及 Office 组件的协作等操作。

第14章
Excel 文档的打印

📖 本章导读

本章主要学习 Excel 文档的打印方法。通过本章节的学习，读者可以轻松地添加打印机、设置打印前的页面效果、选择打印的范围，同时，通过高级技巧的学习，读者可以掌握行号、列表、网格线、表头等打印的技巧。

📡 思维导图

14.1 添加打印机

要打印工作表，首先需要添加打印机。本节主要学习如何将打印机共享，添加打印机和连接测试方法。

14.1.1 将打印机共享

在添加打印机之前，用户需要将局域网中的打印机共享，具体操作步骤如下。

第1步 在桌面上右击【开始】按钮，在弹出的快捷菜单中选择【控制面板】菜单项。

第2步 弹出【控制面板】窗口，选择【查看设备和打印机】选项。

第3步 弹出【设备和打印机】窗口，选择需要共享的打印机，右击并在弹出的快捷菜单中选择【打印机属性】菜单命令。

第4步 在弹出的对话框中选择【共享这台打印机】和【在客户端计算机上呈现打印作业】复选框，用户还可以自定义共享的名称，这里采用默认的名称，单击【确定】按钮，即可完成打印机的共享操作。

14.1.2 添加和测试局域网打印机

如果打印机没有与本地计算机连接，而是与局域网中的某一台计算机连接，可以添加使用这台打印机。具体操作步骤如下。

第1步 在桌面单击【开始】按钮，在弹出菜单中选择【设置】菜单项。

第2步 弹出【设置】窗口，单击【设备】选项。

第3步 打开【设备】窗口，在左侧列表中选择【打印机和扫描仪】选项，在右侧窗口中单击【添加打印机或扫描仪】按钮。

第4步 如果系统没有自动扫描到需要的局域网打印机，单击【我需要的打印机不在列表中】按钮。

第5步 在弹出的【添加打印机】对话框中，选择【按名称选择共享打印机】单选按钮，单击【下一步】按钮。

第6步 进入【网络】窗口，自动搜索局域网中的主机，选择打印机所在的主机名称。

第7步 进入选择的主机共享界面后，选择共享的打印机，单击【选择】按钮。

第8步 返回到【添加打印机】对话框中，单击【下一步】按钮。

第9步 弹出成功添加的提示信息，此时打印机的驱动已经被安装到系统中，这里用户可以设置打印机的名称，然后单击【下一步】按钮。

第 10 步 完成打印机的添加工作，选择【设置默认打印机】选项，如果想测试打印机是否成功安装，可以单击【打印测试页】按钮，测试打印机能否正常工作，测试结束后单击【完成】按钮，即可完成打印机的添加。

第 11 步 此时，返回【设备】窗口，可以看到添加的打印机。

14.2 Excel 页面的设置

设置打印页面是对已经编辑好的文档进行版面设置，以使其达到满意的输出打印效果。合理的版面设置不仅可以使打印页面看上去整洁大方，而且可以节约办公费用的开支。

14.2.1 页面设置

在设置页面时，可以对工作表的比例、打印方向等进行设置。

在【页面布局】选项卡中，单击【页面设置】选项组中的 按钮，可以对页面进行相应的设置。

|提示|

页面设置组中的按钮含义如下。

【页边距】按钮：可以设置整个文档或当前页面边距的大小。

【纸张方向】按钮：可以切换页面的纵向布局和横向布局。

【纸张大小】按钮：可以选择当前页的页面大小。

【打印区域】按钮：可以标记要打印的特定工作表区域。

【分隔符】按钮：在所选内容的左上角插入分页符。

【背景】按钮：可以选择一幅图像作为工作表的背景。

【打印标题】按钮：可以指定在每个打印页重复出现的行和列。

【分隔符】按钮：在所选内容的左上角插入分页符。

除了使用以上 7 个按钮对页面进行设置操作外，还可以在【页面设置】对话框中对页面进行设置。具体的操作步骤如下。

第1步 在【页面布局】选项卡中，单击【页面设置】选项组中的 ▣ 按钮。

第2步 弹出【页面设置】对话框，选择【页面】选项卡，然后进行相应的页面设置。设置完成后，单击【确定】按钮即可。

14.2.2 设置合适的页边距

页边距是指纸张上打印内容的边界与纸张边沿间的距离。

在【页面设置】对话框中，选择【页边距】选项卡。

【页边距】选项卡中各个参数的含义如下。

（1）【上】、【下】、【左】和【右】等微调框：用来设置上、下、左、右页边距。

（2）【页眉】、【页脚】微调框：用来设置页眉和页脚的位置。

（3）【居中方式】区域：用来设置文档内容是否在页边距内居中以及如何居中，包括水平和垂直两个复选框。【水平】复选框可设置数据打印在水平方向的中间位置；【垂直】复选框可设置数据打印在顶端和底端的中间位置。

在【页面布局】选项卡中，可以单击【页面设置】选项组中的【页边距】按钮，在弹出的下拉菜单中选择一种内置的布局方式，也可以快速地设置页边距。

14.2.3 设置页眉页脚

页眉位于页面的顶端，用于标示名称和报表标题。页脚位于页面的底部，用于标明页号、打印日期和时间等。

设置页眉和页脚的具体步骤如下。

第1步 在【页面布局】选项卡中，单击【页面设置】选项组中的 按钮。

第2步 弹出【页面设置】对话框，选择【页眉 / 页脚】选项卡，从中可以添加、删除、更改和编辑页眉 / 页脚。

> **提示**
>
> 页眉和页脚并不是实际工作表的一部分，设置的页眉页脚不显示在普通视图中，但可以打印出来。

1. 使用内置页眉页脚

Excel 提供了多种页眉和页脚的格式。如果要使用内部提供的页眉和页脚的格式，可以在【页眉】和【页脚】下拉列表中选择需要的格式。

2. 自定义页眉页脚

如果现有的页眉和页脚格式不能满足需要，可以自定义页眉或页脚，进行个性化设置。

在【页面设置】对话框中选择【页眉/页脚】选项卡，单击【自定义页眉】按钮，弹出【页眉】对话框。

【页眉】对话框中各个按钮和文本框的作用如下。

（1）【格式文本】按钮 ：单击该按钮，

弹出【字体】对话框，可以设置字体、字号、下划线和特殊效果等。

（2）【插入页码】按钮：单击该按钮，可以在页眉中插入页码，添加或者删除工作表时 Excel 会自动更新页码。

（3）【插入页数】按钮：单击该按钮，可以在页眉中插入总页数，添加或者删除工作表时 Excel 会自动更新总页数。

（4）【插入日期】按钮：单击该按钮，可以在页眉中插入当前日期。

（5）【插入时间】按钮：单击该按钮，可以在页眉中插入当前时间。

（6）【插入文件路径】按钮：单击该按钮，可以在页眉中插入当前工作簿的绝对路径。

（7）【插入文件名】按钮：单击该按钮，可以在页眉中插入当前工作簿的名称。

（8）【插入数据表名称】按钮：单击该按钮，可以在页眉中插入当前工作表的名称。

（9）【插入图片】按钮：单击该按钮，弹出【插入图片】页面，单击【来自文件】选项，弹出【插入图片】对话框，从中可以图片的来源包括【来自文件】、【必应图像搜索】和【OneDrive- 个人】等。

如在【必应图像搜索】文本框中输入"花"，搜索结果如下，从中选择需要的图片，单击【插入】按钮即可。

（10）【设置图片格式】按钮：只有插入了图片，此按钮才可用。单击此按钮，弹出【设置图片格式】对话框，从中可以设置图片的大小、转角、比例、剪切设置、颜色、亮度、对比度等。

（11）【左】文本框：输入或插入的页

眉注释将出现在页眉的左上角。

（12）【中】文本框：输入或插入的页眉注释将出在页眉的正上方。

（13）【右】文本框：输入或插入的页眉注释将出现在页眉的右上角。

在【页面设置】对话框中单击【自定义页脚】按钮，弹出【页脚】对话框。该对话框中各个选项的作用可以参考【页眉】对话框中各个按钮或选项的作用。

14.2.4 设置打印区域

默认状态下，Excel 会自动选择有文字的行和列的区域作为打印区域。如果希望打印某个区域内的数据，可以在【打印区域】文本框中输入要打印区域的单元格区域名称，或者用鼠标选择要打印的单元格区域。

设置打印区域的具体步骤如下。

第1步 单击【页面布局】选项卡中【页面设置】组中的 按钮，弹出【页面设置】对话框，选择【工作表】选项卡。

第2步 设置相关的选项，然后单击【确定】按钮即可。

【工作表】选项卡中各个按钮和文本框的作用如下。

（1）【打印区域】文本框：用于选定工作表中要打印的区域。

（2）【打印标题】区域：当使用内容较多的工作表时，需要在每页的上部显示行或列标题。单击【顶端标题行】或【左端标题行】右侧的 按钮，选择标题行或列，即可使打印的每页上都包含行或列标题。

（3）【打印】区域：包括【网格线】、【单色打印】、【草稿品质】、【行号列标】等复选框，以及【批注】和【错误单元格打印为】两个下拉列表。

【网格线】复选框：设置是否显示网格线。

【单色打印】复选框：指定在打印过程中忽略工作表的颜色。如果是彩色打印机，选中该复选框可以减少打印的时间。

【草稿品质】复选框：快速的打印方式，打印过程中不打印网格线、图形和边界，同时也会降低打印的质量。

【行号列标】复选框：设置是否打印窗口中的行号和列标。默认情况下，这些信息是不打印的。

【批注】下拉列表：用于设置打印单元格批注。可以在下拉列表中选择打印的方式。

（4）【打印顺序】区域：选中【先列后行】单选按钮，表示先打印每页的左边部分，再

打印右边部分；选中【先行后列】单选按钮，表示在打印下页的左边部分之前，先打印本页的右边部分。

在工作表中选择需要打印的区域，单击【页面布局】选项卡中【页面设置】组中的【打印区域】按钮，在弹出的列表中选择【设置打印区域】选项，即可快速将此区域设置为打印区域。要取消打印区域设置，选择【取消打印区域】选项即可。

14.3 打印 Excel 文档

打印预览可以使用户预先对文本打印出来的效果有所了解。如果对打印的效果不满意，可以重新对页面进行编辑和修改。

14.3.1 打印预览

用户不仅可以在打印之前查看文档的排版布局，还可以通过设置而得到最佳效果，具体操作步骤如下。

第1步 打开随书光盘中的"素材 \ch14\ 部门 01.xlsx"工作簿。

第2步 单击【文件】选项卡，在弹出的列表中选择【打印】选项，在窗口的右侧可以看到预览效果。

第3步 单击窗口右下角的【显示边距】按钮 ⊞，可以开启或关闭页边距、页眉和页脚边距以及列宽的控制线，拖动边界和列间隔线可以调整输出效果。

14.3.2 打印活动工作表

页面设置完成后，就可以打印输出了。不过，在打印之前还需要对打印选项进行设置。

第1步 单击【文件】选项卡，在弹出的列表中选择【打印】选项。

第2步 在窗口的中间区域设置打印的份数，选择连接的打印机，设置打印的范围和页码范围，以及打印的方式、纸张、页边距和缩放比例等。

第3步 设置完成后，单击【打印】按钮 🖶，即可开始打印。

14.3.3 仅打印指定区域

在打印工作表时，如果仅仅打印工作表的指定区域，就需要对当前工作表进行设置。设置打印指定区域的具体步骤如下。

第1步 打开随书光盘中的"素材 \ch14\ 部门 01.xlsx"工作簿，选择单元格 A1，在按住【Shift】键的同时单击单元格 C8，选择单元格区域 A1:C8。

第2步 单击【文件】选项卡，在弹出的列表中选择【打印】选项，在【设置】选项中单击【打印活动工作表】选项，在弹出的下拉列表中选择【打印选定区域】选项。

第3步 单击【页面设置】，在弹出的【页面设置】对话框中选择【页面】选项卡，选中【方向】区域中的【纵向】单选按钮，单击【确定】按钮。

第4步 返回打印设置窗口，选择打印机和设置其他选项后单击【打印】按钮，即可打印选定区域的数据。

14.3.4 打印整个工作簿

单击【文件】选项卡，在弹出的列表中选择【打印】选项，在中间的【设置】项中单击【打印活动工作表】选项，在弹出的下拉列表中选择【打印整个工作簿】选项，然后设置打印的其他参数后，单击【打印】按钮即可打印整个工作簿。

14.4 Excel 打印的高级技巧

除了上面常用的打印方法外，本节将继续学习其他的高级打印技巧。

14.4.1 打印行号和列表

在日常工作中，通常会遇到要打印工作表的行号和列标的情况，此时就需要对工作表进行页面设置，具体操作步骤如下。

第1步 在打开的 Excel 工作表中，在【页面布局】选项卡中单击【页面设置】选项组中的 按钮。

第2步 在弹出的【页面设置】对话框中选择【工作表】选项卡，在【打印】区域下选中【行号列标】复选框，单击【确定】按钮。

第3步 单击【文件】选项卡，在弹出的列表中选择【打印】选项，在【份数】微调框中输入打印的份数，在【打印】列表中选择要使用的打印机，单击【打印】按钮，即可开始打印文档。

14.4.2 打印网格线

在打印 Excel 工作表时，一般都会打印没有网格线的工作表，如果需要将网格线打印出来，可以通过设置实现。

第1步 打开随书光盘中的"素材\ch14\部门.xlsx"工作簿。在【页面布局】选项卡中，单击【页面设置】选项组右下角的 按钮，在弹出的【页面设置】对话框中选择【工作表】选项卡，勾选【网格线】复选框。

第2步 单击【文件】选项卡，在弹出的列表中选择【打印】选项。在右侧的列表中即可看到添加网格线后的效果。

14.4.3 打印每一页都有表头

对于多页的工作表，在打印的时候，除了第一页以外，其他页面都没有表头。通过设置，可以实现打印每一页都有表头的效果。具体操作步骤如下。

第1步 打开随书光盘中的"素材 \ch14\ 部门 02.xlsx"工作簿，部门工作表的行数为71行，默认情况下会分两页打印。在【页面布局】选项卡中，单击【页面设置】选项组中的▣按钮。

第2步 弹出【页面设置】对话框，选择【工作表】选项卡，在【打印标题】区域的【顶端标题行】的右侧单击按钮▦。

第3步 返回 Excel 选择界面，选择第一行为固定打印标题行，单击按钮▦确认选择。

第4步 返回【页面设置】对话框，在【顶端标题行】文本框中显示已经选择的标题行。查看其他打印参数，确认无误后，单击【打印预览】按钮。

第5步 查看打印预览的第二页，即可看到此时也添加了表头。

14.4.4 强制在某个单元格处重新开始分页打印

有时候在一个工作表需要分多页打印，例如一个工作表中包含4份个人登记表，此时就需要打印4份。强制在指定单元格处重新开始分页打印，具体操作步骤如下。

第1步 打开随书光盘中的"素材 \ch14\ 个人登记表.xlsx"工作簿，在默认的工作表中有4份个人登记表。

第2步 选择右下角【个人登记表】所在的单元格，然后切换到【页面布局】选项卡，单击【页面设置】选项组中的【分隔符】按钮，在弹出的下拉菜单中选择【插入分页符】菜单项。

第3步 此时 4 份个人登记表被分隔开来。单击【文件】选项卡，在弹出的列表中选择【打印】选项，在窗口的右侧可以看到一页只打印一份个人登记表。

14.4.5 将打印内容缩放到 1 页中

有时候为了节省纸张，可以将打印内容缩放到一页中，常用的方法如下。

在【页面布局】选项卡中，单击【页面设置】选项组中的 按钮，弹出【页面设置】对话框，选择【页面】选项卡，在【缩放】区域的下面选择【调整为 1 页宽 1 页高】，单击【确定】按钮，即可将打印内容缩放到一页中。

单击【文件】选项卡，在弹出的列表中选择【打印】选项，在中间的【设置】项中单击【无缩放】选项，在弹出的下拉列表中选择【将工作表调整为 1 页】选项。

◇ Excel 工作表的居中打印

默认情况下，Excel 工作表的内容是居左打印的，如果内容不多，可以设置为居中打印，这样看起来更整齐、美观。

居中方式分为水平方向居中和垂直方向居中。这里以设置水平方向居中为例进行讲解，具体操作步骤如下。

第1步 打开随书光盘中的"素材 \ch14\ 部门.xlsx"工作簿。

第2步 单击【文件】选项卡，在弹出的列表中选择【打印】选项，查看未设置前的预览效果。

第3步 切换到【页面布局】选项卡，单击【页面设置】选项组中的 🔽 按钮，在弹出的【页面设置】对话框中，选择【页边距】选项卡，在【居中方式】区域选择【水平】复选框，单击【确定】按钮。

第4步 再次查看打印的预览效果，发现工作表的内容已经在水平方向上居中对齐了。

◇ 不打印单元格底纹和颜色

为了便于大家阅读和提醒，大多数情况下会在 excel 单元格中根据需要设置很多的底纹和颜色用以区分，但是当要打印的时候，大多数情况下却是要黑白打印的，太多的底纹和颜色反而会让数据看不太清楚，这时候能不能调整表格，只是在打印的时候不打印出单元格的底纹和颜色就行了呢？下面将讲述具体的操作方法。

第1步 打开随书光盘中的"素材 \ch14\ 商务旅行预算.xlsx"工作簿。

第2步 单击【文件】选项卡，在弹出的列表中选择【打印】选项，在窗口的右侧可以看到预览效果，此时底纹和颜色都会存在。

第3步 切换到【页面布局】选项卡，单击【页面设置】选项组中的 ⊡ 按钮，在弹出的【页面设置】对话框中，选择【工作表】选项卡，在【打印】区域选择【单色打印】复选框。

第4步 单击【打印预览】按钮，在预览效果中发现底纹和颜色都取消了。

出差开支预算				
出差开支预算	￥5,900.00			
				总计
飞机票价	机票单价（往）	￥1,200.00	1	张	￥1,200.00
	机票单价（返）	￥875.00	1	张	￥875.00
	其他	￥0.00	0		￥0.00
酒店	每晚费用	￥275.00	3	晚	￥825.00
	其他	￥0.00	0	晚	￥0.00
餐饮	每天费用	￥148.00	6	天	￥888.00
交通费用	每天费用	￥152.00	6	天	￥912.00
休闲娱乐	总计	￥730.00			￥730.00
礼品	总计	￥185.00			￥185.00
其他费用	总计	￥155.00			￥155.00
		出差开支总费用			￥5,770.00
		低于预算			￥130.00

◇ 不打印工作表中的图形对象

对于不需要打印的图形对象，可以在设置属性中设置为不打印，这样打印工作表时，

将忽略打印图形对象，具体操作步骤如下。

第1步 打开随书光盘中的"素材 \ch14\ 商务旅行预算 01.xlsx"工作簿。

第2步 选择不需要打印的图形对象，右击并在弹出的快捷菜单中选择【大小和属性】菜单命令。

第3步 在窗口的右侧弹出【设置图片格式】窗格，在【属性】区域取消【打印对象】复选框。

第4步 单击【文件】选项卡，在弹出的列表中选择【打印】选项，查看预览效果，可看到图形对象没有显示。

第15章
宏与 VBA 的应用

本章导读

　　宏是可以执行任意次数的一个或一组操作，宏的最大优点是：如果需要在 Excel 中重复执行多个任务，就可以通过录制一个宏来自动执行这些任务。VBA 是 Visual Basic for Applications 的缩写，是 Visual Basic 的一种宏语言，主要是用来扩展 Windows 的应用程式功能。Excel 2016 提供有 VBA 的开发界面，即 Visual Basic 编辑器 (VBE) 窗口，在该窗口中可以实现应用程序的编写、调试和运行等操作。使用宏和 VBA 的主要作用是提高工作效率，让重复的工作只需要单击一个按钮，就可以轻松地完成。

思维导图

15.1 认识宏

在 Excel 的【视图】选项卡中可以单击【宏】按钮，在弹出的下拉菜单中包含常见的宏操作。

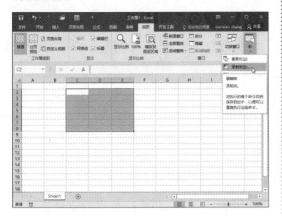

使用 Excel 进行表格的编制、数据的统计等，每一种操作可以称为一个过程。而在这个过程中，由于工作需要，会进行很多重复性操作，如何能让这些操作自动重复执行呢，Excel 中的宏恰好能解决这类问题。

宏不仅可以节省时间，还可以扩展日常使用的程序的功能。使用宏可以自动执行重复的文档制作任务，简化繁冗的操作，还可以创建解决方案。VBA 高手们可以使用宏创建包括模板、对话框在内的自定义外接程序，甚至可以存储信息以便重复使用。

从更专业的角度来说，宏是保存在 Visual Basic 模块中的一组代码，正是这些代码驱动着操作的自动执行。当单击按钮时，这些代码组成的宏就会执行代码记录的操作。

15.2 创建和运行宏

宏的用途非常广泛，其中最典型的应用就是将多个选项组合成一个选项的集合，以加速日常编辑或格式的设置，使一系列复杂的任务得以自动执行，从而简化操作。本节主要介绍如何创建宏和运行宏。

15.2.1 创建宏的两种方法

本节主要介绍创建宏的两种方法，包括录制宏和使用 Visual Basic 创建宏。

1. 录制宏

在 Excel 中进行的任何操作都能记录在宏中，可以通过录制的方法来创建"宏"，称为"录制宏"。在 Excel 中录制宏的具体操作步骤如下。

第 1 步 在 Excel 2016 功能区的任意空白处单击鼠标右键，在弹出的快捷菜单中选择【自定义功能区】命令。

第 2 步 在弹出的【Excel 选项】对话框中单击选中【自定义功能区】列表框中的【开发工具】复选框。然后单击【确定】按钮，关闭对话框。

第 3 步 单击【开发工具】选项卡，可以看到在该选项卡的【代码】组中包含了所有宏的操作按钮。在该组中单击【录制宏】按钮录制宏。

| 提示 |

也可以直接在状态栏上单击【录制宏】按钮。

第 4 步 弹出【录制宏】对话框，在此对话框中可设置宏的名称、快捷键、宏的保存位置、宏的说明，然后单击【确定】按钮，返回工作表。即可进行宏的录制，录制完成后单击【停止录制】按钮，即可结束宏的录制。

2. 使用 Visual Basic 创建宏

还可以通过使用 Visual Basic 创建宏，具体的操作步骤如下。

第 1 步 在【开发工具】选项卡中单击【代码】选项组中的【Visual Basic】按钮。

第 2 步 打开【Visual Basic】窗口，选择【插入】→【模块】选项，弹出【工作簿－模块 1】窗口。

第 3 步 将需要设置的代码输入或复制到【工作簿－模块 1】窗口中。

第4步 编写完宏后，选择【文件】→【关闭并返回到 Microsoft Excel】选项，即可关闭窗口。

15.2.2 运行宏

宏的运行是执行宏命令并在屏幕上显示运行结果的过程。在运行一个宏之前，首先要明确这个宏将进行什么样的操作。本节将具体介绍在 Excel 2016 中运行宏的方法。

1. 使用宏对话框运行

在【宏】对话框中运行宏是较常用的一种方法。在【开发工具】选项卡中单击【代码】选项组中的【宏】按钮，弹出【宏】对话框。在【宏的位置】下拉列表框中选择【所有打开的工作簿】选项，在【宏名】列表框中就会显示出所有能够使用的宏命令，选择要执行的宏，单击【执行】按钮即可执行宏命令。

2. 为宏设置快捷键

用户可以为宏设置快捷键，便于宏的执行。为录制的宏设置快捷键的具体操作步骤如下。

第1步 在宏对话框中，选择要执行的宏，单击【选项】按钮即可执行宏命令。

第2步 打开【宏选项】对话框，在快捷键后的文本框中输入要设置的快捷键，这里输入"p"，说明创建的快捷键为【Ctrl+P】，单击【确定】按钮。

3. 使用快速访问工具栏运行宏

用户可以将宏命令添加至快速访问工具栏中，方便快速执行宏命令。

第1步 在【开发工具】选项卡中单击【代码】选项组中的【宏】按钮上单击鼠标右键，在弹出的快捷菜单中选择【添加到快速访问工具栏】选项。

第2步 将【宏】命令添加至快速访问工具栏，单击【宏】按钮，即可弹出【宏】对话框来运行宏。

4. 单步运行宏

单步运行宏的具体操作步骤如下。

第1步 打开【宏】对话框，在【宏的位置】下拉列表框中选择【所有打开的工作簿】选项，在【宏名】列表框中选择宏命令，单击【单步执行】按钮。

第2步 弹出编辑窗口。选择【调试】→【逐语句】菜单命令，即可单步运行宏。

15.3 宏的管理

在创建及运行宏后，用户可以对创建的宏进行管理，包括编辑宏、删除宏和加载宏等。

15.3.1 编辑宏

在创建宏之后，用户可以在 Visual Basic 编辑器中打开宏并进行编辑和调试。

第1步 打开【宏】对话框，在【宏名】列表框中选择需要修改的宏的名字，单击【编辑】按钮。

第2步 即可打开编辑窗口。

第3步 根据需要修改宏命令，如将第4行的
"ActiveCell.FormulaR1C1 ＝ ＂工作簿＂"

修改为"ActiveCell.FormulaR1C1 ＝ ＂工作簿的基本操作＂"，按【Ctrl+S】组合键保存，即可完成宏的编辑。

15.3.2 删除宏

删除宏的操作非常简单，打开【宏】对话框，选中需要删除的宏名称，单击【删除】按钮即可将宏删除。选择需要修改的宏命令内容，按【Delete】键也可以将宏删除。

15.3.3 加载宏

加载项是Microsoft Excel中的功能之一，它提供附加功能和命令。下面以加载【分析工具库】和【规划求解加载项】为例，介绍加载宏的具体操作步骤。

第1步 在【开发工具】选项卡中单击【加载项】选项组中的【加载项】按钮。

第2步 打开【加载宏】对话框。在【可用加载宏】

列表框中单击选中【分析工具库】和【规划求解加载项】复选框，单击【确定】按钮。

第3步 返回 Excel 2016 界面，选择【数据】

选项卡，可以看到添加的【分析】选项组中包含加载的宏命令。

15.3.4 宏的安全设置

包含宏的工作簿更容易感染病毒，所以用户需要提高宏的安全性。具体操作步骤如下。

第1步 打开包含宏的工作簿，选择【文件】→【选项】菜单命令，打开【Excel 选项】对话框，选择【信任中心】选项，然后单击【信任中心设置】按钮。

第2步 弹出【信任中心】对话框，在左侧列表中选择【宏设置】选项，然后在【宏设置】列表中选择【禁用无数字签署的所有宏】选项，单击【确定】按钮。

15.4 认识 VBA

VBA 是 Visual Basic 的一种宏语言，主要是用来扩展 Windows 的应用程式功能。本节主要是先学习 VBA 的基础知识。

15.4.1 什么是 VBA

VBA 是 Visual Basic for Applications 的缩写，它是 Microsoft 公司在其 Office 套件中内嵌的一种应用程序开发工具。VBA 与 VB 具有相似的语言结构和开发环境，主要用于编写 Office 对象（如窗口、控件等）的时间过程，也可以用于编写位于模块中的通用过程。但是，VBA 程序保存在 Office 2016 文档内，无法脱离 Office 应用环境而独立运行。

15.4.2 VBA 与宏

在 Microsoft Office 中，使用宏可以完成许多任务，但是有些工作却需要使用 VBA 而不是宏来完成。

VBA 是一种应用程序自动化语言。所谓应用程序自动化，是指通过脚本让应用程序（如

Microsoft Excel、Word）自动化完成一些工作。例如，在 Excel 里自动设置单元格的格式、给单元格充填某些内容、自动计算等，而使宏完成这些工作的正是 VBA 。

VBA 子过程总是以关键字 Sub 开始的，接下来是宏的名称（每个宏都必须有一个唯一的名称），然后是一对括号，End Sub 语句标志着过程的结束，中间包含的该过程的代码。

宏有两个方面的好处：一是在录制好的宏基础上直接修改代码，减轻工作量；二是在 VBA 编写中碰到问题时，从宏的代码中学习解决方法。

但宏的缺陷就是不够灵活，因此我们应该在碰到以下情况时，尽量使用 VBA 来解决：使数据库易于维护；使用内置函数或自行创建函数；处理错误消息等。

15.4.3 VBA 的编程环境

打开 VBA 编辑器有以下几种方法。

（1）单击【Visual Basic】按钮。单击【开发工具】选项卡，在【代码】选项组中单击【Visual Basic】按钮，即可打开 VBA 编辑器。

（2）使用工作表标签。在 Excel 工作表标签上单击鼠标右键，在弹出的快捷菜单中选择【查看代码】选项，即可打开 VBA 编辑器。

（3）使用快捷键。按【Alt+F11】组合键即可打开 VBA 编辑器。

15.5 Excel VBA 语言基础

在学习 VBA 编程之前，读者应该熟悉掌握 VBA 编程的一些基础知识，下面介绍一下 VBA 编程中一些基本概念。

15.5.1 常量和变量

常量用于储存固定信息，常量值具有只读特性。在程序运行期间，其值不能发生改变。在代码中使用常量可以增加代码的可读性，同时也可以使代码的维护升级更加容易。

变量用于存储在程序运行过程中需要临时保存的值或对象，在程序运行过程中其值可以改变。

用 Dim 语句可以创建一个变量，然后提供变量名和数据类型，如下所示。

Dim <变量> as <数据类型>

Dim <变量> as <对象>

15.5.2 运算符

运算符是代表 VBA 中某种运算功能的符号，常用的运算符有以下几种。

（1）连接运算符：用来合并字符串的运算符，包括"&"运算符和"+"运算符两种。

（2）算术运算符：用来进行数学计算的运算符。

（3）逻辑运算符：用来执行逻辑运算的运算符。

（4）比较运算符：用来进行比较的运算符。

如果在一个表达式中包含多种运算符，首先处理算术运算符，再处理比较运算符，最后处理逻辑运算符。字符串运算符不是算术运算符，但其优先级顺序在所有算术运算符之后，在所有比较运算符之前。所有比较运算符的优先级顺序都相同，按它们出现的顺序依次从左到右处理。算术运算符、比较运算符和逻辑运算符的优先级顺序见下表。

算术运算符	比较运算符	逻辑运算符
^（指数）	=（相等）	Not（非）
−（负号）	<>（不等于）	And（与）
*、/（乘法和除法）	<（小于）	Or（或）
\（整书除法）	>（大于）	Xor（异或）
Mod（求模运算）	<=（小于或相等）	Eqv（相等）
+、−（加法和减法）	>=（大于或相等）	Imp（隐含）
&（字符串连接）	Like、Is	

15.5.3 过程

过程是可以执行的语句序列单位，所有可执行的代码必须包含在某个过程中，任何过程都不能嵌套在其他过程中。VBA 有以下 3 种过程：Sub 过程、Function 过程和 Property 过程。

Sub 过程执行指定的操作，但不返回运行结果，以关键字 Sub 开头和关键字 End Sub 结束。可以通过录制宏生成 Sub 过程，或者在 VBA 编辑器窗口中直接编写代码。

Function 过程执行指定的操作，可以返回代码的运行结果，以关键字 Function 开头和关键字 End Function 结束。Function 过程可以在其他过程中被调用，也可以在工作表的公式中使用，就像 Excel 的内置函数一样。

Property 过程用于设定和获取自定义对象属性的值，或者设置对另一个对象的引用。

15.5.4 基本语句结构

VBA 的语句结构和其他大多数变成语言相同或相似，下面介绍几种最基本的语句结构。

（1）条件语句。程序代码经常用到条件判断，并且根据判断结果执行不同的代码。在 VBA 中有 If…Then…Else 和 Select Case 两种条件语句。

下面以 If…Then…Else 语句根据单元格内容的不同而设置字体的大小。如果单元格内容是"VBA 的应用"则将其字体大小设置为"10"，否则将其字号设置为"9"的代码如下。

```
If ActiveCell.Value="VBA 的应用" Then
    ActiveCell.Font.Size=10
Else
```

```
    ActiveCell.Font.Size=9
End If
```

（2）循环语句。在程序中多次重复执行的某段代码就可以使用循环语句，在 VBA 中有多种循环语句，如 For…Next 循环、Do…Loop 循环和 While…Wend 循环。

如下代码中使用 For…Next 循环实现 1 到 100 的累加功能。

```
Sub ForNext Demo()
    Dim I As Integer,iSum As Integer
    iSum=0
    For i=1 To 100
```

```
    iSum=iSum+i
    Next
    Megbox iSum "For…Next 循环"
End Sub
```

（3）With 语句。With 语句可以针对某个指定对象执行一系列的语句。使用 With 语句不仅可以简化程序代码，而且可以提高代码的运行效率。With…End With 结构中以 "." 开头的语句相当于引用了 With 语句中指定的对象，在 With…End With 结构中无法使用代码修改 With 语句所指定的对象，即不能使用 With 语句来设置多个不同的对象。

15.5.5 对象与集合

对象代表应邀程序中的元素，如工作表、单元格、窗体等。Excel 应用程序提供的对象按照层次关系排列在一起成为对象模型。Excel 应用程序中的顶级对象是 Application 对象，它代表 Excel 应用程序本身。 Application 对象包含一些其他队形，如 Windows 对象和 Workbook 对象等，这些对象均被称为 Application 对象的子对象，反之 Application 对象是上述这些对象的父对象。

> **提示**
>
> 仅当 Application 对象存在，即应用程序本身的一个实例正在运行，才可以在代码中访问这些对象。

集合是一种特殊的对象，它是一个包含多个同类对象的对象容器，Worksheets 集合包含所有的 Worksheet 对象。

一般来说，集合中的对象可以通过序号和名称两种不同的方式来引用，如当前工作簿中有"工作表 1"和"工作表 3"两个工作表，以下两个代码都是引用名称为"工作表 3"的 Worksheet 对象。

```
ActiveWorkbook.Worksheets（"工作表 3"）
ActiveWorkbook.Worksheets（3）
```

15.6 函数的应用

要想使用 Excel 2016 自定义函数，首先要对 VBA 基础知识有所了解，因为自定义函数是利用 Excel 2016 VBA 编写的函数。

15.6.1 常用的 VBA 函数

VBA 有许多内置函数，可以帮助用户在程序代码设计时减少代码的编写工作。常用的内置函数有以下 5 种。

（1）测试函数。在 VBA 中常用的测试函数有：IsNumeric(x) 函数（变量是否为数字）、IsDate(x) 函数（变量是否是日期）、IsArray(x) 函数（指出变量是否为一个数组）等。

（2）数学函数。在 VBA 中常用的数学函数有：Sin(x)、Cos(x)、Tan(x) 等三角函数、Log(x) 函数（返回 x 的自然对数）、Abs(x) 函数（返回绝对值）等。

（3）字符串函数。VBA 常用的字符串函数有：Trim(string) 函数（去掉 string 左右两端空白）、Ltrim(string) 函数（去掉 string 左端空白）、Rtrim(string) 函数（去掉 string 右端空白）等。

（4）转换函数。VBA 常用的转换函数有：CDate(expression) 函数（转换为 Date 型）、CDbl(expression) 函数（转换为 Double 型）、Val(string) 函数（转换为数据型）等。

（5）时间函数。在 VBA 中常用的时间函数有：Date 函数（返回包含系统日期的 Variant）、Time 函数（返回一个指明当前系统时间的 Variant）、Year(date) 函数（返回 Variant (Integer)，包含表示年份的整数）等。

15.6.2 自定义函数

自定义函数可以像内置函数一样正常使用，编写自定义函数，使其能够获取当前工作簿中工作表的个数，具体操作步骤如下。

第 1 步 新建或打开一个 Excel 2016 工作簿，按【Alt+F11】组合键打开 VBA 代码窗口，在【工程资源管理器】中的任意位置右击，在弹出的快捷菜单中选择【插入】→【模块】菜单命令，即可插入一个模块，双击该模块，在其中输入以下函数代码。

Function 工作表个数 ()　　'自定义函数为"工作表个数"

　　工作表个数 = ThisWorkbook.Sheets.Count
'为自定义函数指定执行代码

End Function

第 2 步 输入完毕后，返回工作表中，使用定义的函数设置公式"= 工作表个数（）"，就可以得到当前工作簿中工作表的个数。

15.7 用户窗体控件的使用

用户窗体是控件的载体，也是建立一个对话框的前提。而且在设计用户窗体时也会经常用到控件，例如标签、文本框等。

15.7.1 用户窗体的基本操作

用户窗体的基本操作如下。

1. 插入、显示与移除窗体

在本节中主要介绍如何插入、显示与移除窗体，具体操作如下。

（1）插入窗体。在 VBA 代码窗口中选择菜单栏【插入】→【用户窗体】菜单命令，可插入一个空白窗体，插入后的窗体名称（默认为 UserForm1）会出现在【工程】窗口中。

在【工程资源管理器】中右击，在弹出的快捷菜单中选择【插入】→【用户窗体】菜单命令，同样可以插入一个空白窗体。

（2）显示窗体。在 VBA 代码窗口中插入的窗体是在设计模式下，如果需要窗体中完成一些功能，还必须将窗体脱离设置模式并显示出来。

要运行并显示窗体有如下两种方法：①选择窗体并在【常用】工具栏中单击【运行子过程 / 用户窗体】按钮 ▶；②利用程序代码显示窗体。

添加一个模块并输入下面的代码，运行后可以显示 UserForm1 窗体。

Private Sub UserForm_Click()

　UserForm1.Show　　　'窗体的 Show 方法可以显示并运行窗体

End Sub

| 提示 |

　　UserForm1.Show 可添加到程序的任何位置，当程序运行到该句时，便会显示窗体；如果在程序中使用 UserForm1.Show 方法，但是调用的窗体不存在，将会有错误提示。例如把上面代码中 "UserForm1.Show" 修改为 "UserForm2.Show"，再次运行，将出现如下图所示的错误提示。

（3）关闭窗体。关闭窗体有两种，一种是手动关闭，即单击窗体上的关闭按钮关闭窗体；另一种是使用代码关闭窗体。

例如使用代码实现当单击窗体时关闭该窗体，具体的操作步骤如下。

第1步　在 VBA 代码窗口中选择菜单栏【插入】→【用户窗体】菜单命令，插入一个空白窗体，然后双击该窗体，即可打开窗体代码窗口。

第2步　在代码窗口的代码框架中输入 Unload UserForm1 语句，具体操作命令如下。

Private Sub UserForm_Click()

　Unload UserForm1

End Sub

第3步　当窗体在运行并处于显示状态时，单击窗体便会关闭窗体。

（4）移除窗体。移除窗体的具体操作方法如下。

第1步　在【工程资源管理器】窗口中右击要移除的窗体，在弹出的快捷菜单中选择【移除窗体】菜单命令，这里选择【移除 UserForm1】。

第2步 系统即可弹出如下图所示的提示信息，如果不需要导出，直接单击【否】按钮，即可将其移除。

2. 设置窗体特征

新插入的窗体需要用户给窗体命名和修改，具体操作方法如下。

（1）窗体的名称。新插入的窗体如果是本工作簿第一次插入的窗体，其默认名称为 UserForm1。第二次插入的窗体则是 UserForm2，再次插入则依此类推。如果想修改窗体名称，可以在窗体的【属性】对话框中修改属性。在【工程】窗口中的窗体显示名称也会改为在【属性】窗口中修改后的名称，如这里将窗体的名称修改为"第一个窗体"。

窗体的名称可以在程序中直接使用。

Sub 显示窗体()

第一个窗体.Show

End Sub

在代码中使用更为确切的窗体名称会有利于代码的维护。如当看到程序中含有 UserForm1 或 UserForm2 时，可能不容易明白正在调用哪个具体的窗体。而"第一个窗体.Show"则可以很清楚的知道程序运行结果是显示"第一个窗体.Show"窗体。

（2）窗体标题栏显示文字。窗体的标题栏文字是窗体顶部蓝色区域所显示的文字，通过下面的两种方法可以修改窗体的标题栏。

①手工修改窗体属性中的 Caption 属性值，即可修改窗体名称。

②在程序中修改窗体名称。例如在工作表中，单击窗体后使窗体的标题栏内容修改为单元格 C3 的内容，则可以在用户窗体代码窗口中使用下面的程序代码：

Private Sub UserForm_Click()

```
     Me.Caption = Range("C3").Value
End Sub
```

运行结果可以看出，窗体的名称为 C3 单元格的内容。

3. 窗体事件

窗体事件是对窗体操作时而引起程序运行的动作，如显示窗体、单击窗体和关闭窗体等动作。

下面以关闭窗体为例进行讲解。

窗体关闭运行程序是通过 QueryClose 事件来实现的。

例如要实现在一个工程中，当关闭"事件1"窗体时显示"事件2"窗体，只需在"事件1"窗体的代码窗口中选取 QueryClose 事件并输入以下代码：

```
Private Sub UserForm_QueryClose(Cancel As Integer,CloseMode As Integer)
     事件 2.Show ' 当"事件1"窗体关闭时，显示"事件2"窗体
End Sub
```

在该程序中可以看出，在使用 QueryClose

事件程序时，后面有两个自变量 Cancel 和 CloseMode。窗体事件程序中的自变量和工作簿及工作表事件一样，自变量的值也是从操作者操作动作取得的。

窗体关闭事件的两个自变量用法如下。

Cancel As Integer：是否禁止关闭窗体。当值为 0 时可以关闭窗体；当为其他整数值则禁止关闭窗体。

CloseMode As Integer：窗体的关闭模式。如果操作者使用手工单击关闭按钮关闭窗体，则 CloseMode 的值为 0；如果操作者在程序中使用 Unload 方法关闭窗体（如 Unload Me），则 CloseMode 的值为 1。

例如禁止操作者使用窗体的关闭按钮关闭窗体，但可以使用单击窗体的方法关闭，其窗体关闭事件代码如下：

```
Private Sub UserForm_QueryClose(Cancel As Integer,CloseMode As Integer)
     If CloseMode = 0 Then  ' 如果操作者使用的关闭方法是使用窗体的关闭按钮
          Cancel = 1 ' 如果上句的判断结果是单击窗体的【关闭】按钮，则不允许退出窗体
     End If
End Sub
```

窗体单击代码如下：

```
Private Sub UserForm_Click()
     Unload Me
End Sub
```

15.7.2 控件插入与使用

在介绍了窗体的插入和使用后，接着来介绍如何在窗体上插入控件以及控件的使用。

1. 认识控件工具

在窗体上插入控件必须借助控件工具箱来完成。控件工具箱是存放各种控件的工具栏。在新插入空白窗体时会自动弹出控件工具箱，但如果控件工具箱被关闭，可以通过【标准】工具栏中的【工具箱】按钮 来调出。

| 提示 |

在控件工具箱中，除了【选取对象】按钮 ↖ 外，其他都是可以添加到窗体上的常用控件。

除了常用控件外，如果还需要添加其他控件，可以通过以下步骤把该控件添加到控件工具箱中。

第1步 右击控件工具箱，在弹出的快捷菜单中选择【附加控件】选项。

第2步 打开【附加控件】对话框，在【可以使用的控件】列表中选择需要添加的控件，单击【确定】按钮。即可将所选控件添加到工具箱中。

第3步 返回【工具箱】对话框，即可将所选控件添加到工具箱中。

2. 从控件工具箱中插入控件

在窗体上添加控件的方法是首先在控件工具箱中选取控件，然后在窗体上拖曳出该控件。

在合适的位置，释放鼠标，即可看到添加后的效果。这里添加的是复选框控件。

| 提示 |

如果要一次添加多个相同类型的控件，可以在控件工具箱中双击鼠标，然后再添加多个相同控件。

15.8 使用 VBA 制作员工奖金管理系统

奖金计算在工资统计中的应用非常广泛,特别是销售行业,为了促进销售人员的工作积极性,销售部门往往会制定一系列的销售业绩奖金制度。下面来分析一个典型的奖金计算案例。

销售经理制定了销售业绩奖金制度,奖金发放的标准奖金率见下表。

月销售额	奖金率	月销售额	奖金率
≤ 3000	4%	15001~30000	12%
3000~8000	6%	30001~50000	16%
8001~15000	9%	>50000	20%

同时，为了鼓励员工持续地为公司工作，工龄越长奖金越高，具体规定为：参与计算的奖金率等于标准奖金率加上工龄一半的百分数。例如，一个工龄为 6 年的员工，标准奖金率为 6% 时，参与计算的奖金率则为9%=6%+(6/2)%）。

首先，在 Excel 2016 中制作好如下图所示的 Sheet1 工作表。

若不考虑工龄对奖金率的影响，那么可以利用嵌套使用 IF 函数，在 D2 单元格输入公式"=IF(B2<=3000,B2*4%,IF(B2<=8000,B2*6%,IF(B2<=15000,B2*9%,IF(B2<=30000,B2*12%,IF(B2<=50000,B2*16%,B2*20%)))))"就可以进行计算。

但是，可以看出以上公式有两个明显的弊端。

（1）公式看起来太烦琐、不容易理解，而且 IF 函数最多只能嵌套 7 层，万一奖金率超过 7 个，那么这个方法就无能为力了。

（2）由于没有考虑工龄，所以该方法不能算是解决问题了，如果把工龄计入上述公式中，则公式就会变得更加冗长烦琐，以后的管理与调整都很不方便。

所以还是使用自定义函数进行计算比较简捷、方便。这里与上面的实例有所不同的是，该自定义函数使用了 2 个参数，具体的操作步骤如下。

第1步 选择 Excel 2010 2010 工作表的功能区【开发工具】选项卡，单击【代码】选项组中的【Visual Basic】按钮或按【Alt+F11】组合键，打开 Excel 2016 VBA 代码窗口。在该窗口中的【工程资源管理器】窗口中任意位置右击，在弹出的快捷菜单中选择【插入】→【模块】选项，插入一个模块，双击该模块，并在该模块中输入如下代码程序。

```
Function REWARD(sales, years) As Double
Const r1 As Double = 0.04
Const r2 As Double = 0.06
Const r3 As Double = 0.9
Const r4 As Double = 0.12
Const r5 As Double = 0.16
Const r6 As Double = 0.19
Select Case sales
    Case Is <= 3000
        REWARD = sales * (r1 + years / 200)
    Case Is <= 8000
        REWARD = sales * (r2 + years / 200)
    Case Is <= 15000
        REWARD = sales * (r3 + years / 200)
    Case Is <= 30000
        REWARD = sales * (r4 + years / 200)
    Case Is <= 50000
        REWARD = sales * (r5 + years / 200)
    Case Is > 50000
        REWARD = sales * (r6 + years / 200)
End Select
End Function
```

在上述代码中，自定义了一个名为 REWARD 的函数，它包含两个参数：销售额 sales 和工龄 years。常量 r1 至 r6 分别存放着各个等级的奖金率，这样处理的好处是当奖金率调整时，修改非常方便。同时，函数的层次结构比前面的公式清晰，使用户容易理解函数的功能。此外，当奖金率超过 7 个时，用自定义函数的方法仍然可以轻松处理。

第2步 函数自定义完成后，返回 Excel 2016 工作表窗口，在 D2 单元格中输入 "=reward(B2,C2)"。

第3步 按 Enter 键即可计算出第一个员工的奖金。

第4步 利用公式填充柄复制该公式到后面的单元格，即可完成对其他员工奖金的计算。

◇ 启用禁用的宏

在宏安全性设置中单击选中【禁用所有宏，并发出通知】单选项后，打开包含代码的工作簿时，会出现【安全警告】消息栏。

如果用户信任文件的来源，可以单击【安全警告】消息栏上的【启用内容】按钮，【安全警告】消息栏将自动关闭。工作簿中的宏功能即被启用。

如果是安全设置问题，用户可以单击【开发工具】选项卡，在【宏】选项组中单击【宏安全性】按钮，打开【信任中心】对话框，

选择【信任对 VBA 工程对象模型的访问（V）】复选框，然后单击【确定】即可。

◇ 自定义函数有哪些误区

在使用自定义函数时存在以下两个误区。

（1）编写完成的自定义函数，在其他工作簿使用时，函数返回的是错误符号"#NAME?"。

自定义函数一般情况下只能在含有函数代码的工作簿内使用。如果需要让该自定义函数在所有打开的 Excel 2016 工作簿中使用，需要保存为加载宏文件并进行加载。

（2）利用函数在单元格中返回引用单元格的格式，如字体、大小、颜色等。

在工作表中使用的函数只能返回值，而不能改变工作表、单元格等内容的结构。

在正在运行中的宏出现错误，则指定的方法不能用于指定的对象，其中原因很多，包括参数包含无效值、方法不能在实际环境中应用、外部链接文件发生错误和安全设置等。

第16章
Office 组件间的协作

🖥 本章导读

本章主要学习 Office 中的组件之间的协同办公功能。主要包括 Word 与 Excel 之间的协作、Excel 与 PowerPoint 之间的协作等。通过本章的学习，读者可以实现 Office 组件之间的协同办公。

◉ 思维导图

16.1 Word 与 Excel 之间的协作

Word 与 Excel 都是现代化办公必不可少的工具，熟练掌握 Word 与 Excel 的协同办公技能可以说是每个办公人员所必须的。

16.1.1 在 Word 文档中创建 Excel 工作表

在 Office 2016 的 Word 组件中提供了创建 Excel 工作表的功能，这样就可以直接在 Word 中创建 Excel 工作表，而不用在两个软件之间来回切换了。

在 Word 文档中创建 Excel 工作表的具体操作步骤如下。

第1步 在 Word 2016 的工作界面中选择【插入】选项卡，在【文本】选项组中单击【对象】按钮。

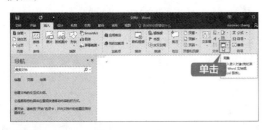

第2步 弹出【对象】对话框，在【对象类型】列表框中选择【Microsoft Excel 97−2003 Worksheet】选项。

第3步 单击【确定】按钮，文档中就会出现 Excel 工作表的状态，同时当前窗口最上方的功能区显示的是 Excel 软件的功能区，然后直接在工作表中输入需要的数据即可。

16.1.2 在 Word 中调用 Excel 工作表

除了可以在 Word 的中创建 Excel 工作表之外，还可以在 Word 中调用已经创建好的工作表，具体的操作步骤如下。

第1步 在 Word 2016 的工作界面中选择【插入】选项卡，在【文本】选项组中单击【对象】按钮。弹出【对象】对话框，选择【由文件创建】选项。

第2步 单击【浏览】按钮，在弹出的【浏览】对话框中选择需要插入的 Excel 文件，然后单击【插入】按钮。

第3步 返回【对象】对话框，单击【确定】按钮，即可将 Excel 工作表插入 Word 文档中。

第4步 插入 Excel 工作表以后，可以通过工作表四周的控制点调整工作表的位置及大小。

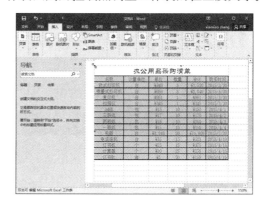

16.1.3 在 Word 文档中编辑 Excel 工作表

在 Word 中除了可以创建和调用 Excel 工作表之外，还可以对创建或调用的 Excel 工作表进行编辑操作。

具体的操作步骤如下。

第1步 参照调用 Excel 工作表的方法在 Word 中插入一个需要编辑的工作表。

第2步 修改工作表标题。例如，将"办公用品采购清单" 修改为"办公用品采购表"，这时就可以双击插入的工作表，进入工作表编辑状态，然后选择"办公用品采购清单"所在的单元格并选中文字，在其中直接输入"办公用品采购表"即可。

提示

参照相同的方法可以编辑工作表中其他单元格的内容。

16.2 Excel 与 PowerPoint 之间的协作

Excel 与 PowerPoint 之间也存在信息的相互共享与调用关系。

16.2.1 在 PowerPoint 中调用 Excel 工作表

在使用 PowerPoint 进行放映讲解的过程中，用户可以直接将制作好 Excel 工作表调用到 PowerPoint 软件中进行放映。

具体的操作步骤如下。

第1步 打开随书光盘中的"素材 \ch16\ 办公用品采购清单.xlsx"文件。

第2步 将需要复制的数据区域选中，然后单击鼠标右键，在弹出的快捷菜单中选择【复制】

菜单项。

第3步 切换到 PowerPoint 2016 软件中，右击并在弹出的【粘贴选项】中选择第二项【保留原格式】菜单项，即可将工作表粘贴到 PowerPoint 2016 当中。

四周的控制点调整工作表的位置及大小。

第4步 插入工作表内容后，可以通过工作表

16.2.2 在 PowerPoint 中调用 Excel 图表

用户也可以在 PowerPoint 中播放 Excel 图表，将 Excel 图表复制到 PowerPoint 当中的具体的操作步骤如下。

第1步 打开随书光盘中的"素材 \ch16\ 图表.xlsx"文件。

第2步 选中需要复制的图表，然后单击鼠标右键，在弹出的快捷菜单中选择【复制】菜单项。

第3步 切换到 PowerPoint 2016 软件中，右击并在弹出的【粘贴选项】中选择第二项【保留原格式和插入工作簿】菜单项，即可将图表粘贴到 PowerPoint 2016 当中。

第4步 插入图表后，可以通过图表四周的控制点调整图表的位置及大小。

16.3 Excel 和 Access 之间的协作

Excel 中的工作簿和 Access 数据库文件之间可以相互调用，从而帮助办公人员提高数据转换的速度。

16.3.1 在 Excel 中调用 Access 数据库文件

在 Excel 2016 中可以直接调用 Access 数据库文件，具体操作步骤如下。

第 1 步 在 Excel 2016 的工作界面中选择【数据】选项卡，单击【获取外部数据】按钮，在弹出的下拉菜单中选择【自 Access】菜单项。

第 2 步 弹出【获取数据源】对话框，选择随书光盘中的"素材 \ch16\ 人事管理 .accdb"文件，单击【打开】按钮。

第 3 步 打开【选择表格】对话框，选择需要的数据表，这里选择【部门】，如果用户想选择多个数据包，需要选择【支持选择多个表】复选框，单击【确定】按钮。

第 4 步 弹出【导入数据】对话框，在【请选择该数据在工作簿中的显示方式】列表中选择【表】单选按钮，在【数据的放在位置】中选择数据放置的位置，单击【确定】按钮。

第 5 步 返回到 Excel 2016 主界面中，即可看到数据已经导入 Excel 中了。

16.3.2 在 Access 中调用 Excel 工作表

在 Access 中也可以调用已有的 Excel 文件，具体操作步骤如下。

第1步 打开 Access 2016 软件，在工作界面中选择【外部数据】选项卡，在【导入并链接】组中单击【Excel】按钮。

第2步 弹出【获取外部数据 Excel 电子表格】对话框，单击【浏览】按钮。

第3步 弹出【打开】对话框，选择随书光盘中的"素材 \ch16\ 部门 .xlsx"文件，单击【打开】按钮。

第4步 返回到【选择数据源和目标】对话框，采用默认设置，单击【确定】按钮。

第5步 弹出【导入数据表向导】对话框，选择【第一行包含列标题】复选框，单击【下一步】按钮。

第6步 在弹出的对话框中选择字段名称、数据类型和索引，这里采用默认设置，单击【下一步】按钮。

第7步 在弹出的对话框中为新表设置一个主键，主键主要是为了唯一显示每个记录，从而加快数据的检索速度，这里采用默认设置，单击【下一步】按钮。

第8步 在弹出的对话框中输入导入到表的名称，这里为"sheet1"，单击【完成】按钮。

第9步 在弹出的对话框中设置是否保存导入步骤，如果用户还会重复该操作，则选择【保存导入步骤】复选框，这里采用默认设置，单击【关闭】按钮。

第10步 返回 Access 2016 主界面，即可看到"部门.xlsx"的内容已经导入到 sheet1 数据表中。

16.3.3 Access 文件导出为电子表格数据

利用 Access 的导出功能，可将 Access 数据库中的对象导出到 Excel 电子表格中。这样用户既可以在 Access 数据库中存储数据，又可以使用 Excel 来分析数据。当导出数据时，相当于 Access 创建了所选对象的副本，然后将该副本中的数据存储在 Excel 表格中。下面将"快递信息"数据库中的"配送信息"表导出到 Excel 表格中。具体操作步骤如下。

第1步 启动 Access 2016，打开随书光盘中的"素材\ch16\人事管理.accdb"文件，选择【部门】数据表。选择【外部数据】选项卡，单击【导出】选项组中的【Excel】按钮。

第 2 步 弹出【导出 –Excel 电子表格】对话框，单击【浏览】按钮。

第 3 步 弹出【保存文件】对话框，用户可以设置将表对象导出后存储的位置，在【文件名】文本框中可输入导出后的表格名称。操作完成后，单击【保存】按钮。如下图所示。

第 4 步 返回【导出 –Excel 电子表格】对话框，选择【导出数据时包含格式和布局】和【完成导出操作后打开目标文件】复选框，然后单击【确定】按钮。

第 5 步 弹出【保存导出步骤】对话框，单击【关闭】按钮。

第 6 步 操作完成后，系统自动以 Excel 表的形式打开"部门 01"表。

◇ 在 Word 中调用幻灯片

根据不同的需要，用户可以在 Word 中调用幻灯片，具体的操作步骤如下。

第 1 步 打开随书光盘中的"素材 \ch16\ 素材.pptx"文件，在演示文稿中选择需要插入 Word 中的幻灯片，然后右击，在弹出的快捷菜单中选择【复制】菜单命令。

第2步 切换到 Word 软件中，单击【开始】按钮，在【剪贴板】选项组中单击【粘贴】按钮下方的下拉按钮，在弹出的下拉菜单中选择【选择性粘贴】选项。

第3步 打开【选择性粘贴】对话框，可以看到包括了【粘贴】选项和【粘贴链接】选项，在【粘贴】右侧的【形式】列表框中选择【Microsoft PowerPoint 幻灯片对象】选项。

第4步 单击【确定】按钮，返回 Word 文档中，即可看到插入的幻灯片。

◇ 将 Word 导出为 PDF 文件

用户可以根据需要将 Word 转换成 PDF 格式文件，方便浏览，其具体步骤如下。

第1步 打开随书光盘中的"素材\ch16\菜单.docx"文件。然后单击【文件】→【导出】→【创建 PDF/XPS 文档】按钮。

第2步 打开【发布为 PDF 或 XPS】对话框，选择保存的路径和文件名，然后单击【发布】按钮，即可将 Word 转换称 PDF 文件。

第3步 打开导出的 PDF 文件，如下图所示。

高效能
人士
效率倍增手册

Contents

技巧 1 任务清单 1

1. 滴答清单 1
2. Any.DO 5
3. Wunderlist 8

技巧 2 桌面清理 11

1. 电脑桌面清理 11
2. 平板桌面清理 13
3. 手机桌面清理 13

技巧 3 文件管理 15

1. 电脑文件管理 15
2. 平板文件管理 17
3. 手机文件管理 20

技巧 4 重要事件 22

技巧 5 重复事件 24

技巧 6 同步技术 26

技巧 7 网盘 29

技巧 8 人脉管理 31

1. 记住人脉信息 31
2. 合并重复的联系人 32
3. 备份人脉信息 34

💡 技巧 9 通信录管理 **35**
1. 名片管理——名片全能王 35
2. 通信录管理——微信电话本 37

💡 技巧 10 海量邮件管理 **37**

💡 技巧 11 记录一切（印象笔记）............................... **43**

💡 技巧 12 微支付（生活大便捷）——支付宝、微信支付 **48**
1. 支付宝 49
2. 微信支付 54

技巧 1 任务清单

每个人每天都会被来自工作和生活中的各种事物包围，每一件事都会分散一部分注意力，当杂事很多时，那些真正需要关注的事情就会被层层地包裹起来而无法引起足够的重视，于是便掉进了任务的陷阱中。

使用任务清单来管理日常生活中的任务事件，让其能够在适当的时间出现在我们的视线内并引起我们的重视，提醒我们在合适的事件去处理该时间段的事情，并可以在相同的时间设置重要任务，来提醒用户待完成事件的重要程度。

1. 滴答清单

滴答清单是一款记录工作、任务，规划时间的应用，易用、轻量且功能完整，支持 Web、iOS、Android、Chrome、Firefox、微信，还可以在网络日历中订阅滴答清单。

（1）创建任务

由于每天需要完成的工作或生活上的事情有很多，难免会有所疏漏，从而造成不必要的麻烦。这就需要针对每天要做的任务来创建一个提醒，来防止自己遗忘。使用滴答清单，可以创建用户的日常任务，防止用户疏忽工作或生活上的事情。

❶ 登录滴答清单，即可打开【收集箱】界面，点击左上角的【主界面】按钮☰，打开主界面，点击【添加清单】按钮＋ 添加清单，即可添加一个新的事件。

❷ 在弹出的【添加清单】界面中，输入清单的名称，并点击【颜色】按钮⊘。

1

❸ 在弹出的【颜色】面板中选择一种颜色，即可为任务添加颜色。

❹ 点击【完成】按钮☑，即可创建任务。

❺ 返回主界面，点击【下午开会】按钮☰ 下午开会。

❻ 弹出【下午开会】面板，点击左下角的【其他日期】按钮🗓，在弹出的面板中选择任务的时间。

❼ 在返回的【下午开会】面板中输入"周二下午3点在1号会议室开会"文本，并点击【完成】按钮➤。

❽ 即可创建任务，效果如下图所示。

（2）归档任务

用户每天需要完成的工作

与生活上的任务有许多，为了避免任务过多时杂乱无章，用户可以为创建的任务进行归档管理，更方便地分别管理生活与工作中的事务。

❶ 在主界面中点击【普通清单】选项组中的【编辑】按钮 ✏️，即可打开【管理普通清单】界面。

❷ 在弹出的【管理普通清单】界面中，点击【下午开会】按钮 ≡ 下午开会 。

❸ 进入【下午开会】的编辑界面，点击【文件夹】选项组中的【无】按钮，在弹出的【文件夹】面板中点击【添加文件夹】按钮。

❹ 在弹出的面板中输入"公司事件"文本，并点击【确定】按钮。

❺ 即可返回【下午开会】编辑界面，点击【完成】按钮 ✓。

❻ 返回到【下午开会】主界面，点击右上角的三点按钮 ⋮，在

弹出的下拉列表中选择【排序】选项。

❼ 弹出【排序】面板，选中【优先级】单选按钮。

❽ 返回【下午开会】主界面，即可看到任务已被设置为最高优先级。

（3）使用日历新建任务

如果确定要在某一天执行某项任务，可以直接在任务清单中输入日期，并设置时间，

但这样不方便管理清单，因为记录清单的日期会提前，因此，可以使用日历新建任务，可以方便快捷地定位任务开始的时间。

❶ 在滴答清单的主界面点击【日历】按钮，即可打开【日历】界面。

❷ 在弹出的【日历】界面，点击本月底的"29"号。

❸ 在弹出的【日历】写字板中，输入"信用卡还款"文本，点击【完成】按钮➤。

❹ 即可完成新建月底任务，在任务即将到期时滴答清单会进行提醒。

2. Any.DO

Any.DO 是一款帮助用户在手机上进行日程管理的软件，支持任务添加、标记完成、优先级设定等基本服务，通过手势进行任务管理等服务，如通过拖放分配任务的优先级、通过滑动标记任务完成、通过抖动手机从屏幕上清除已完成任务等。

此外，Any.Do 还支持用户与亲朋好友共同合作完成任务。用户新建合作任务时，该应用提供联系建议，对那些非 Any.Do 用户成员也支持电子邮件和短信的联系方式。

（1）添加新任务

使用 Any.Do 的日程管理，可以处理生活与工作中的各类琐事，巧妙地安排日程，提高工作效率。

❶ 在手机上下载并安装"Any.Do"软件。

❷ 打开并登录 Any.Do 应用，即可进入应用的主界面。

❸ 点击右下角的【添加】按钮，在弹出的界面中输入"周末晚上公司聚餐"文本。并在下方可以选择任务的时间，分别有"今天"、"明天"、"下周"、"自定义"等选项，在这里选择【自定义】选项。

❹ 在弹出的【日期】面板中可以看到本月的日历，用户可以选择任务的日期。

❺ 如选择本月的"23"号，并点击【确定】按钮。

❻ 弹出【时间】面板，选择任务开始的确切时间，并点击【确定】按钮。

❼ 返回主界面，即可看到添加的新任务。

（2）设定任务的优先级

在 Any.Do 软件应用中，可以设置任务的优先级，当有任务发生时间上的冲突时，会优先提醒你级别较高的任务。

❶ 打开 Any.Do 的主界面，即可查看所有任务。

❷ 点击一个任务，即可打开任务的编辑栏，在任务右侧点击星形按钮 ☆。

❸ 星形按钮变为黄色，即可为选择的任务设置优先级为【高】。

（3）清除已完成任务

用户完成一件任务时，可以清除已完成的任务，来保持任务列表的干净整洁。便于管理，也能提高查看清单的速度，最终提高办事效率。

❶ 当定时任务完成后，进入【Any.Do】主界面，在【工作项目】选项组中出现灰色带有删除线的"已完成"项目。

❷ 点击界面右上角的 ⋮ 按钮，在弹出的面板中点击【清除已完成】按钮。

❸ 弹出【清除】面板，点击【是】按钮。

❹ 返回应用的主界面，即可看到已完成的任务已经删除。

3. Wunderlist

Wunderlist 是管理和分享你的日常代办事项最简单的方法。Wunderlist 是一款计划任务管理应用，能够实现云端同步，将用户的任务清单同步到 Windows、Mac、iPhone 和 iPad 上，能让用户随时随地进行管理或者与他人分享。除此之外，还有发布推送通知、邮件提醒、邮件任务管理、任意添加任务和到期时间、添加备注说明，还可以为特别重要的任务添加星星符号。

（1）添加新任务

使用 Wunderlist 可以创建新的任务，安排需要对用户进行提醒的各类琐事，提高你的工作效率。

❶ 在手机上下载并安装"Wunderlist"软件。然后打开并登录，进入应用的主界面。

❷ 点击右上角的【添加】按钮，

即可打开【收件箱】界面。

❸ 在【添加一个任务…】文本框中输入新任务的内容，并点击【发送】按钮。

❹ 即可完成新任务的添加。

（2）设置重要任务

使用 Wunderlist 可以为添加的任务设置重要级别，让用户优先进行重要级别的任务，

以免耽误时间。

❶ 添加一个新的任务，点击任意一个要设置为重要任务的事件。

❷ 打开任务的主界面，点击【设置截止日期】按钮。

❸ 弹出【设置截止日期】面板，设置好提醒任务的日期，如这里设置为"2016 年 3 月 09 日"，并点击【保存】按钮。

❹ 返回任务的主界面,点击【提醒我】按钮。

❺ 弹出【提醒我】面板,设置提醒时间,这里设置为"20:05"。

❻ 点击【保存】按钮,即可返回任务的主界面,点击【笔记】按钮。

❼ 弹出【笔记】界面,输入设置的重要任务的备注内容,如这里输入"在163邮箱接收邮件。"文本。

❽ 点击【返回】按钮,返回到任务的主界面,点击右上角的 ☆ 按钮。

❾ 即可把任务设置为重要任务,点击【返回】按钮。

❿ 返回【收件箱】界面,即可看到设置的重要任务。

技巧 2 桌面清理

用户的电脑中会安装大量的软件，软件一般会自动在桌面添加快捷方式。随着安装的软件越来越多，桌面的快捷方式也越来越多，使得桌面变得拥挤和杂乱，一眼难以辨别需要的软件的快捷方式，不免会降低使用效率。再加上用户习惯性地把下载的文件、图片等放置在桌面上，会导致桌面的文件越来越杂乱，影响使用效率。

同时，平板电脑、手机等电子用品使用范围越来越广，与人们的日常生活联系越来越紧密，手持设备的桌面相对于电脑桌面空间更加有限，桌面图标过多，会严重影响查找应用的效率，如何对桌面进行清理，是很多人越来越关心的问题，下面就介绍一些桌面清理方法。

1. 电脑桌面清理

现在使用电脑的人是越来越多了，但是发现很多用户却没有一个良好的使用电脑习惯。经常性地，也可以说是习惯性地将很多的文件直接存放在电脑的桌面上。不管是下载的文件，还是复制的文件，为了自己方便直接浏览，都放在桌面上。但这样的话，长期下来，就会严重给电脑系统的运行带来负担。所以，有时适当进行整理是很有必要的。

（1）手动清理不常用图标

整理桌面上的应用程序图标，最直接的整理办法，就是手动将不常用的软件图标删除，删除桌面图标不会卸载程序，影响软件运行，所以可以选择要删除的程序图标，在键盘上按【Delete】键将其删除。

而对于电脑桌面保存的文件，重要文件可以放在其他盘中新建统一的、容易识别的文件夹名称将其保存。不需要的其他文件可以直接将其删除。此外，建议用户不要将重要文件直接放置在桌面，可以将其直接保存在其他盘符中。

（2）使用桌面管理软件

现在的上班族每天都要处

理很多临时文件，所以电脑桌面上五花八门的图标很多，如果没有进行相应的分类，突然要找某一个文件需要花费很长的时间，使用桌面整理软件可以帮助用户一键整理电脑桌面图标，将应用程序、图片、文件夹进行同类整理，大大提高的工作效率，所以是上班族们必备的桌面软件。下面以360安全桌面为例进行介绍。

❶ 在电脑上下载并安装360安全桌面软件，鼠标左键双击打开360安全桌面软件。

❷ 单击菜单栏中的【桌面整理】按钮，在弹出的【桌面整理】界面中单击【立即体验】按钮。

❸ 进入360安全界面，即可看到桌面的文件已经按照快捷方式、文件、文件夹分别放置在不同的区域。

❹ 如果要删除文件，可以选择【文件】区域的临时文件并右击，在弹出的快捷菜单中选择【删除】命令。

❺ 弹出【删除文件】对话框，单击【是】按钮，即可删除选中的临时文件。

2. 平板桌面清理

平板是介于电脑与手机之间的一个便携式工具，由于笔记本电脑的携带不便，人们出行大都携带平板电脑。但是平板电脑的存储空间有限，为了保证平板的正常运行，需要经常清理平板的内存，及时从桌面删除不常用的应用。

清理平板最直接的办法就是手动清理，根据自己的使用频率与以后是否继续使用来选择删除的应用，来清理平板桌面，并保证平板的正常运行。

❶ 打开平板，进入桌面，用手指按住任一应用图标，即可在每个图标的左上角出现【删除】按钮。（除系统应用图标外。）

❷ 点击需要删除的应用图标左上角的【删除】按钮，即可弹出【删除"LOFTER"】对话框。

❸ 点击【删除】按钮，即可删除该应用。

3. 手机桌面清理

现在手机应用软件越来越多，用户经常会下载不同的应用来满足工作与生活的需要。但手机的内存是固定的，当你的应用下载过多时，就会影响手机的运行，导致手机变慢变卡，这时就需要用户来删除那些不常用的应用来扩大手机的存储空间。

（1）手动清理

清理手机桌面最直接的办法就是手动清理，根据自己的使用频率来删除不常用的软件，这样可以为自己的手机腾出一定的空间，保证手机的正常运行。

选择要删除的应用，当该应用变成灰色时，在界面提示【卸载】按钮时，拖动选择的应用图标到【卸载】按钮并松开应用图标，完成清理应用程序图标的操作。

（2）使用桌面管理软件

由于现在各种类型的 APP应用越来越多，各个应用都分别有自身的优缺点，所以很多用户针对同一类型的应用在手机上保留了较多的软件，这时就可以使用桌面整理软件，对各个类型的软件进行清理归档。常用的手机桌面应用如"360 手机桌面"等。

（3）使用文件夹管理应用

在工作和生活中，用户有时会需要使用许多同类型的手机应用，如"简拼"、"MIX"、"拼立得"等软件同属于图形图像类的应用，把它们都单独

放置在桌面上，会使桌面的应用图标过于杂乱，这时就可以为同类的应用建立一个桌面文件夹。

长按要合并到一个文件夹的应用图标，如这里选择"简拼"，当图标变为灰色时移动图标至需要合并新建文件夹的应用图标，这里选择"MIX"。松开手指，即可看到在手机界面上已经新建了一个文件夹，使用同样的方法，还可以将其他应用图标拖到文件夹内，并根据需要将文件夹命名，就可以节省桌面空间，并且能提高查找应用图标的速度。

技巧 3 文件管理

文件管理是操作系统的一项重要功能，如何合理高效地进行文件管理是每个人在使用计算机或者其他设备时都需要考虑的内容。合理地管理自己的文件，会使查询和处理文件的效率提高，减小文件的丢失概率。

1. 电脑文件管理

电脑是生活和办公中最常使用的设备之一，现代化的办公环境离开计算机更是无法正常运转。作为计算机系统最重要的功能之一，文件管理直接影响着每一项工作的处理效率，下面就介绍一下电脑文件管理的基本原则和主要方法。

（1）文件管理原则

在处理电脑中文件时，遵循以下原则，可以使自己的文件管理更加高效，同时也提高文件存储的安全性。

1）定期删除无价值文件。

随着电脑的使用，用户会创建或者下载一些临时性文件，当使用完这些文件之后如果没有再保存的必要就可以将其删除，这样既可以节省电脑空间又可以使电脑保持整洁。

2）文件尽量保持在非系统盘内。

如果大量文件保存在系统盘，不仅会造成电脑的卡顿，而且若是重新安装电脑系统也会造成文件的丢失，不利于文件的安全。

3）同一类型文件放置在统一文件夹内。

如果是同一类型的文件，如歌曲或者视频，可以将相同类型的文件放置在统一文件夹内，这样会使文件管理更加有条理，在查询和使用这些文件时也可以快速找到。

4）合理地命名文件名称。

合理命名自己的文件夹对员工而言至关重要，合理详细地命名文件夹不仅可以防止工作内容的混淆不清，而且可以帮助员工快速找到自己想查询的工作内容，防止遗忘遗漏。

5）养成定期整理的好习惯。

文件管理最重要的是有一

15

个好的整理习惯，定期整理电脑内的文件，在存储的时候不怕麻烦，耐心细心地对文件进行细致分类，会为以后的使用带来巨大方便。

6）重要文档备份

对于一些十分重要的文件，使用云盘等工具进行备份，可以有效防止文件的丢失。

（2）快速搜索文件

在搜索框中直接搜索文件：如果文件夹内文件太多或者不知道文件所在位置，可以通过搜索文件名称内的关键字或者是文件的后缀名称来快速搜索文件，具体操作步骤如下。

在电脑【文件资源管理器】右上角搜索框中输入所要搜索文件名称或者后缀名称，如搜索".jpg"，即可在下方显示符合条件的文件列表。

如果要查看文件所在的位置可选中文件并单击鼠标右键，在弹出的快捷菜单中选择

【打开文件所在的位置】菜单项，即可看到文件所存储的位置。

除了直接在搜索框中搜索文件之外，还可以根据文件特点如大小、修改时间、文件类型等高级搜索条件快速搜索文件。

| 提示 |

如果大概知道文件存储的位置，可以打开文件存储的盘符或者文件夹进行搜索，可以提高搜索的速度。

（3）为文件夹创建快捷方式

对于经常使用的文件夹，可以为其创建一个快捷方式放置在桌面，这样以后再使用该文件夹内的文件时就可以快速打开。

❶ 选中经常使用的文件夹，单击鼠标右键，在弹出的快捷菜单中选择【发送到】→【桌面快捷方式】菜单项。

❷ 即可在桌面创建该文件的快捷方式，效果如下图所示。

2. 平板文件管理

平板电脑由于其自身的独特优势，越来越受到广大消费者的喜爱，能满足大多数人玩游戏、看电影、办公、管理日常事务等要求。因此，平板电脑中就需要存储各式各样的文件，管理平板电脑中的文件就成为提高效率的必要操作。

（1）同步文件至本机

很多用户喜欢将音乐等文件存入平板电脑，以便在断开网络的时候也可以查看文件，下面就以将音乐文件同步至 iPad 为例介绍一下如何将多媒体文件同步至 iPad。

❶ 同步文件至 iPad 需要下载 iTunes 软件，然后使用数据线将 iPad 与 PC 相连。

❷ 点击左上角【菜单】按钮的下拉按钮，在弹出的下拉列表中选择【将文件添加到资料库】选项。

❸ 弹出【将文件添加到资料库】对话框，选择需要同步的多媒体文件，点击【打开】按钮。

❹ 点击【音乐】选项，选中右侧【同步音乐】复选框，并选中下方【整个音乐资料库】单

17

选按钮，点击【应用】按钮。即可开始同步，同步完成之后，所选歌曲即可成功保存至 iPad 中。

（2）将电脑中的文件同步平板电脑某一应用中

如果平板电脑中的自带的应用不支持查看的文件格式，可以在平板中下载支持该文件的应用，然后将文件同步至该应用下，就能够查看该文件。

❶ 在【App Store】下载一个本地视频播放器，这里以【UPlayer】为例。

❷ 将 iPad 连接至电脑，打开【iTunes】应用，选择【应用】选项。

❸ 拖动窗口右侧滑块找到并选择【文件共享】区域内【应用】选项组内的【UPlayer】应用。

❹ 单击【"UPlayer"的文档】区域下方的【添加文件】按钮，即可弹出【添加】窗口，选择需要添加的视频文件，单击【打开】按钮。复制完成后，即可将视频文件添加至【UPlayer】应用内。

（3）使用第三方助手管理文件

　　由于 iTunes 对于大多数用户来说使用起来并不太习惯，因此这里推荐几款符合国人使用习惯的文件助手。

　　① iTools。iTools 是一款简洁的苹果设备同步管理软件，它可以让你非常方便地完成对 iOS 设备的管理，包括信息查看、同步媒体文件、安装软件、备份 SHSH 等功能。

　　② PP 助手。PP 助手是最受欢迎的苹果手机助手。同时支持 iPhone、iPad、iTouch 等 iOS 设备的软件、游戏、壁纸、铃声资源的下载安装和管理应用。

3. 手机文件管理

智能手机除了具备手机的通话功能外，还具备了 PDA 的大部分功能，特别是个人信息管理以及基于无线数据通信的浏览器、GPS 和电子邮件功能。智能手机为用户提供了足够的屏幕尺寸和带宽，既方便随身携带，又为软件运行和内容服务提供了广阔的舞台，如进行股票交易，查看新闻、办公文件、天气、交通，等等。随着手机功能的不断增加，如何管理好手机中的文件就显得尤为重要。

（1）通过手机删除、剪切或复制文件

手机与电脑之间可以快速地实现文件的传输。例如在手机和电脑中使用同一 QQ 账号登录，就可快速地在手机和电脑之间传送文件。此时，传送的文件将存储在腾讯应用下的文件夹"内存储盘/Tencent/QQfile-recv"内，如果需要使用其他软件打开该文件，就可以通过剪切或复制的方法，将文件移至其他文件夹内，而不需要的文件可以直接将其删除。

（2）使用第三方软件管理手

机上的文件

使用第三方手机文件管理应用来管理手机上下载的文件，可以对文件进行清晰的分类，让用户快速地找到图片、视频、音乐、文档、安装包、压缩包等文件。此外，可以便捷地清理手机上产生的多余文件、文件夹以及应用缓存。下面以 360 文件管理大师为例进行介绍。

❶ 在手机上下载并安装 360 文件管理大师。

❷ 打开并进入 360 文件管理大师的主界面，即可查看手机上的音乐、视频、图片、文档.电子书等文件。

❸ 点击【图片】按钮，即可查看手机上的图片。如果要删除图片，点击【编辑】按钮，选择要删除的图片。

❹ 点击下方的【删除】按钮，弹出【删除】对话框，点击【确定】按钮，即可删除选择的图片。

❺ 返回 360 文件管理大师主界面，点击【文档.电子书】按钮。

❻ 弹出【我的手机/文档.电子书】界面，即可查看手机上的电子书文件。

❼ 返回 360 文件管理大师主界

面，点击界面下方的【清理垃圾文件，手机容量更多】按钮。

间。

❽ 弹出【垃圾清理】界面，垃圾扫描完成后，点击【一键清理】按钮，即可清理手机上的系统盘垃圾、缓存垃圾、广告垃圾、无用安装包、卸载残留等垃圾文件，释放手机运行空

技巧 4　重要事件

在日常工作中，很多时候往往有机会去很好地计划和完成一件事。但常常又没有及时地去做，随着时间的推移，造成工作质量的下降。因此，可以将当天的事情分类，把主要的精力和时间集中地放在处理那些重要的工作上，也就是需要做到"要事第一"，这样可以做到未雨绸缪，防患于未然。

如果只按照事件重要与否进行分类，并不算很严谨，因为有些事情重要，并且需要紧急处理；而有些事情重要，但又不需要紧急处理；按照工作重要和紧急两个不同的程度进行划分，可以分为 4 个象限：既紧急又重要、重要但不紧急、紧急但不重要、既不紧急也不重要。这就是关于时间管理的"四象限法"。

① 第一象限。第一象限包含的是一些紧急而重要的事情，这一类的事情具有时间的紧迫性和影响的重要性，无法回避也不

能拖延，必须首先处理优先解决。例如，重大项目的谈判、重要的会议工作等。

② 第二象限。第二象限的事件不具有时间上的紧迫性，但是，它具有重大的影响，对于个人或者企业的存在和发展以及周围环境的建立维护，都具有重大的意义。

③ 第三象限。第三象限包含的事件是那些紧急但不重要的事情，这些事情很紧急但并不重要，因此这一象限的事件具有很大的欺骗性。

④ 第四象限。第四象限的事件大多是些琐碎的杂事，没有时间的紧迫性，也没有重要性。

要把精力主要放在重要但不紧急的事务处理上，需要很好地安排时间。一个好的方法是建立预约。建立了预约，自己的时间才不会被别人所占据，从而有效地开展工作。

那么 4 个象限之间有什么关系？

① 第一象限和第四象限是相对立的，而且是壁垒分明的，很容易区分。

② 第一象限是紧急而重要的事情，每一个人包括每一个企业都会分析判断那些紧急而重要的事情，并把它优先解决。

③ 第四象限是既不紧急又不重要的事情，因此，大多数人可以不去做。

④ 第三象限对人们的欺骗性是最大的，它很紧急的事实造成了它很重要的假象，依据紧急与否是很难区分这两个象限的，要区分它们就必须借助另一标准，看这件事是否重要。也就是按照自己的人生目标和人生规划来衡量这件事的重要性。如果它重要就属于第二象限的内容；如果它不重要，就属于第三象限的内容。

⑤ 第一象限的事情是必须优先去做，由于时间原因人们往往不能做得很好。第四象限的事情人们不用去做。第三象限的事情是没有意义的，但是又浪费时间，因此，必须想方设法走出第三象限。而第二象限的事情很重要，而且会有足够的时间去准备，所以有充分的时间去做好。

由此可见，在处理重要事件时就可以根据"要事第一、四象限法"原则进行，可以大幅度地提升办公效率。

技巧5 重复事件

重复事件就是在以后的时间内会固定每隔一段时间就发生一次的事件，如信用卡还款、缴纳水、电费、物业费、每年更换灭火器、定期给客户、父母或朋友打电话等，这些事情微不足道，不需要花费太多的时间就可以完成，但这些事情又很重要，如果忘记还信用卡日期。造成还款延误，可能导致信用度降低，忘记缴纳电费，造成停电，或者没有及时给父母打电话，导致父母担心。因此，管理好重复的时间，可以减少其对生活和工作的影响。

管理重复事件最常用的方法就是定时提前提醒，让重复的事件提前发生。

一般重复时间有以下3种情况。

① 定时定点发生的。如每周五下午5点在会议室召开每周工作总结会议。

② 周期重复发生，但可以提前完成的。如信用卡还款、缴纳水、电费、物业费、每年更换灭火器。

③ 不用定点但需要定时

的。如定期给客户、父母或朋友打电话。

这些重复事件可以通过软件的重复提醒功能，让事件在适当的时间发出提醒，然后选择合适的时间去处理。下面以使用 Any.DO 应用创建周期发生事件的操作如下。

❶ 打开 Any.DO 应用，新建一个需要重复的事件，如"信用卡还款"。输入事件完成，点击底部的【自定义】按钮。

❷ 在打开的日期界面选择要提醒的还款日期，点击【确定】按钮，进入【时间选择】界面，

设置要提醒的时间，点击【确定】按钮。

❸ 返回至【Any.DO 应用】主界面，选择新创建的事件，点

击下方的【提醒】按钮。

❹ 进入【提醒】界面。点击【重复任务】选项，在打开的【周期性提醒】界面，点击【每月】按钮。

❺ 即可完成使用【Any.DO 应用】设置重复性提醒事件的操作。

此外，除了使用软件提醒

外，还可以用列清单的方法管理这些重复事件，如可以从以下两个方面来列举提醒清单。

① 按照定时定点、周期发生及定时不定点的列表。

② 按照周、月、年等方式列举哪些事情是需要每周做的、哪些是需要每月做的、哪些是每年需要做的。

技巧 6 同步技术

手机中保存有很多客户、亲友的联系方式，还有很多照片、拍摄的视频，如果手机丢了怎么办？在公司制作的一个文档，回家后突然想起有个地方需要修改，这时应该怎么办？在电脑中下载的歌曲、图片或其他资料，希望能在手机或平板电脑中查看，如果不经过复制就能直接查看，那样是不是就会很方便？

随着这些问题的出现，为了满足人们的这些需求，就诞生了新的技术——同步。同步技术可以保持多个设置中数据的一致，如电脑、手机、平板电脑等，即使在他人的设备上也可以随时查看。同步技术主

要包含以下 3 个方面。

① 数据一致性。用户需要保证多设备之间的数据一致，随时调用最新数据，数据即包括音乐、图片、文档等一般文件，也包含通信录、名片等档案文件，还包括使用软件产品的数据文件，如笔记、记录清单，甚至是某一软件的使用记录，如视频的播放列表等。

② 安全性。设备遗失或更新之后，数据可能会丢失，这时就可以提前将数据同步至网络服务器，保证数据安全。

③ 操作简单。有了网络云端的同步，只需要使用同一账号登录，就可以快速查询和读取数据，不需要使用 U 盘或

其他移动存储设备。

按照用户的需求和功能重点，同步产品大致分为以下几类。

① 以应用程序的数据同步为主，再逐步发展为平台，如 iCoud，不仅能够满足用户的媒体文件和终端数据的同步，也可以做数据备份和存档。

② 软件自身的同步，很多软件提供自身与服务器端的同步，这样用户可以在多个设备、多个平台上保持数据一致，如印象笔记、有道笔记、名片全能王等。

③ 以存储和同步为主的同步，如百度云、360 云盘等，可以直接与 PC 端的文件夹相连，不用区分特定类型的数据，直接将数据放入 PC 端的文件夹中，即可自动完成同步。

④ 特殊的存储方式，如 OneDrive，它不仅可以自动同步设备中的图片，还与 PC 端的文件夹相联通，并且提供有在线 Office 功能，使办公软件 Office 与 OneDrive 结合。用户可以在线创建、编辑和共享文档，而且可以和本地的文档编辑进行任意的切换，本地编辑在线保存或在线编辑本地保

存。在线编辑的文件是实时保存的，可以避免本地编辑时宕机造成的文件内容丢失，提高了文件的安全性。

同步功能是非常实用的，并且无处不在，有些同步是自动完成的，有些需要人工操作。下面就以使用 OneDrive 同步数据为例简单介绍。

❶ 打开【此电脑】窗口，选择【OneDrive】选项，或者在任务栏的【OneDrive】图标上单击鼠标右键，在弹出的快捷菜单中选择【打开你的OneDrive 文件夹】选项。都可以打开【OneDrive】窗口。

❷ 选择要上传的"工作报告 .docx"文档，将其复制并粘贴至【文档】文件夹或者直接拖曳文件至【文档】文件夹中。

❸ 在【文档】文件夹图标上即会显示刷新的图标。表明文档正在同步。

❹ 上载完成，即可在打开的文件夹中看到上载的文件。

❺ 在浏览器中输入网址 "https: //onedrive.live.com/"，登录 OneDrive 网站。即可看到 OneDrive 中包含的文件夹。

❻ 打开【文档】文件夹，即可看到上传的"工作报告.docx"文件。如果要使用网站上传文档，可以单击顶部的【上载】按钮，上传完成后，在电脑端的 OneDrive 文件夹也可以看到上传并同步后的文档。

在 Office 办公组件，如在 Word 2016 中，可以通过执行【另存为】命令，直接将创建的文档另存至 OneDrive 中，实现文档的存储与同步。

技巧 7 网盘

云盘是互联网存储工具，是互联网云技术的产物，通过互联网为企业和个人提供信息的储存、读取、下载等服务，具有安全稳定、海量存储的特点。

常见的云盘主要包括百度云管家、360 云盘和腾讯微云等。这三款软件不仅功能强大，而且具备了很好的用户体验，下面列举了三款软件的初始容量和最大免费扩容情况，方便读者参考。

	百度云管家	360 云盘	腾讯微云
初始容量	5GB	5GB	2GB
最大免费扩容容量	2055GB	36TB	10TB
免费扩容途径	下载手机客户端，送2TB	1. 下载电脑客户端，送 10TB 2. 下载手机客户端，送 25TB 3. 签到、分享等活动赠送	1. 下载手机客户端，送 5GB 2. 上传文件，赠送容量 3. 每日签到赠送

云盘的特点如下。

① 安全保密：密码和手机绑定、空间访问信息随时告知。

② 超大存储空间：不限单个文件大小，支持大容量独享存储。

③ 好友共享：通过提取码轻松分享。

使用云盘存储更方便，用户不需要把储存重要资料的实体磁盘带在身上，却一样可以通过互联网，轻松从云端读取自己所存储的信息。可以防止成本失控，满足不断变化的业务重心及法规要求所形成的多样化需求。下面以百度云盘为例介绍使用云盘在电脑和手机中互传文件的具体操作步骤。

❶ 打开并登录你的百度云应用，在弹出的主界面中点击【上传】按钮，在弹出的【选择上传文件类型】面板中点击【图片】按钮。

❷ 在弹出的【选择图片】界面，选择任一图片。

❸ 点击右下角的【上传】按钮，即可将选中的图片上传至云盘。

❹ 打开并登录电脑端的【百度云】应用，即可看到上传的图片，选择该图片，单击【下载】按钮。

❺ 弹出【设置下载存储路径】对话框，选择图片存储的位置，

单击【下载】按钮，即可把图片下载到电脑中。

技巧 8 人脉管理

　　人脉通常是指人际关系或者由人与人之间相互联系构成的网络。人脉管理是对人脉进行有效管理，使人脉朝着预期的方向发展，以利于人生目标的完成。目前，人脉管理日益受到现代人的普遍关注和重视。而随着移动办公的发展，越来越多的人脉数据会被记录在手机中，因此，掌管好手机中的人脉信息就尤为重要。

1. 记住人脉信息

　　人脉管理最重要的就是对对方的个人信息，如姓名、职务、地址、特长、生日、兴趣、爱好、联系方式等进行有效的管理。使用手机自带的通信录功能记录人脉信息的操作如下。

❶ 在通信录中打开要记住邮箱的联系人信息界面，点击下方的【编辑】按钮。

❷ 打开【编辑联系人】界面，在下方【工作】文本框中输入客户的邮箱地址。点击下方的【添加更多项】按钮。

❸ 打开【添加更多项】列表，选择【生日】选项。

| 提示 |

　　如果要添加农历生日，可以执行相同的操作，选择【农历生日】选项添加客户的农历生日。在该界面还可以添加地址、网站等其他信息。

❹ 在打开的选择界面，选择客户的生日，点击【确定】按钮。

❺ 返回至客户信息界面，即可看到已经添加的客户的生日，并且在客户生日的前三天将会发出提醒。

❻ 使用同样的方法，添加其他客户信息，添加完成，点击右上角的【确定】按钮，即可保存客户信息。

2. 合并重复的联系人

　　如果通信录中一些联系人有多个电话号码，在通信录将每一个号码分别保存，将导致通信录中具有多个相同的姓名，而有时同一个联系方式会对应多个联系人。这些情况会使通信录变得臃肿杂乱，影响联系人的准确快速查找。手机中包含有多种应用可以解决重复联系人的问题，如QQ同步助手、Simpler Contacts Pro等，下面以使用"QQ同步助手"将重复的联系人进行合并为例进行介绍。

❶ 下载、安装并打开【QQ同步助手】主界面，点击左上角的 ≡ 按钮。

❷ 在打开的界面中点击【通信录管理】选项。

❸ 打开【通信录管理】界面，点击【合并重复联系人】选项。

❹ 打开【合并重复联系人】界面，在下方即可看到联系人名

称相同的姓名列表，点击下方的【自动合并】按钮。

❺ 即可将名称相同的联系人合并在一起，点击【完成】按钮。

❻ 弹出【合并成功】界面，如果需要立即同步合并重复联系人后的通信，则点击【立即同步】按钮，否则点击【下次再说】按钮。即可完成合并重复联系人的操作。

3. 备份人脉信息

如果手机丢了或者损坏，就不能正常获取人脉信息，为了以防万一，可以将人脉信息进行备份，发生意外时，只需要将备份的人脉信息恢复至新手机中即可。下面以"QQ同步助手"为例介绍备份人脉信息的操作。需要注意的是，恢复备份时，必须使用同一账号登录"QQ同步助手"才能够获取备份的人脉数据。

❶ 打开"QQ同步助手"应用，点击左上角的☰按钮。

❷ 进入登录界面，点击上方的【登录】按钮即可使用 QQ 账号登录 QQ 同步助手，也可以使用手机号登录。

❸ 登录完成，返回至【QQ 同步助手】主界面，点击击下方的【备份到网络】按钮。

❹ 即可开始备份通信录中的联系人，并显示备份进度。

❺ 如果要恢复通信录，只要再次使用同一账号登录"QQ 同步助手"，在主界面点击【恢复到本机】按钮即可恢复通信录。

技巧9 通信录管理

　　要想获得高质量的人脉，管理好自己的通信录是必要的前提。如何找到一个好的工具非常重要，尤其是在这个信息数据大爆炸的时代。下面就为大家推荐两款应用，让你轻松管理好自己的通信录。

1.名片管理——名片全能王

　　名片全能王是一款基于智能手机的名片识别软件，它能利用手机自带相机进行拍摄名片图像，快速扫描并读取名片图像上的所有联系信息，如姓名、职位、电话、传真、公司地址、公司名称等，并自动存储到电话本与名片中心。

　　安装并打开【全能名片王】应用，进入主界面，即可看到已经存储的名片，点击下方中间的【拍照】按钮 。

❶ 进入【拍照】界面，将要存储的名片放在摄像头下，移动手机，使名片在正中间显示，点击底部中间的【拍照】按钮 。

| 提示 |

①拍摄名片时，如果是其他语言名片，需要设置正确的识别语言（可以在【通用】界面设置识别语言）。

②保证光线充足，名片上不要有阴影和反光。

③在对焦后进行拍摄，尽量避免抖动。

④如果无法拍摄清晰的名片图片，可以使用系统相机拍摄识别。

❷拍摄完成，进入【核对名片信息】界面，在上方将显示拍摄的名片，在下方将显示识别的信息，如果识别不准确，可以手动修改内容。核对完成，点击【保存】按钮。

❸进入【添加到分组】界面，可以选择已有的分组，也可以新建分组，这里点击【新建分组】按钮。

❹弹出【新建分组】对话框，输入分组名称，点击【确定】按钮，然后在【添加到分组】界面点击右上角的【保存】按钮，完成名片的存储。

此外，登录了名片全能王还可以实现将识别的名片存储在全能王的云端服务器中，并支持多种客户端的同步，只需要使用同一账号登录，即可在不同设置中随时查看和管理名片。

2. 通信录管理——微信电话本

微信电话本是一款高效智能的通信增强软件，它将手机中的拨号、通话记录、联系人以及短信 4 种功能集合为一体，不仅操作简单、管理方便，便于用户在不同操作间切换，还支持通知类短信自动归档、垃圾短信拦截、短信收藏和加密等智能管理，还有来电归属地、黑名单、联系人自动备份和超过 5000 万的陌生号码识别，可以让你的电话本与众不同。下图所示分别为微信电话本的主界面和设置界面。

技巧 10 海量邮件管理

邮件作为工作、生活中常用的一种交流方式，处理电子邮件将占用大量的时间，如果邮件过多，造成积压后，想再找到重点邮件就比较困难，下面就介绍一些海量邮件管理的方法。

（1）将工作、生活学习邮箱分开

可以申请两个或者三个邮箱账号，将工作、生活和学习邮箱分开，这样能减少一个邮箱中大量邮件堆积的情况。

（2）善用邮箱客户端

使用支持邮箱多个账户同时登录的邮箱客户端，便于同时接收和管理多个账户的邮件，如电脑中常用的邮件客户端有 Foxmail、Outlook、网易闪电邮等，手机或平板中常用的邮件应用有网易邮箱大师、139 邮箱、邮箱管家等，使用邮箱客户端便于对多个邮箱账户同时管理。下面以 Foxmail 邮件客户端为例介绍添加多账户的方法。

❶ 打开 Foxmail 邮件客户端，单击右上角的【设置】按钮 ，在弹出的下拉列表中选择【账号管理】选项。

❷ 弹出【系统设置】对话框，在【账号】选项卡下单击【新建】按钮。

❸ 弹出【新建账号】对话框，在【E-mail 地址】和【密码】文本框中输入另外一个邮箱的账号及密码，单击【创建】按钮。

❹ 就完成了在邮箱客户端中添加多个账号的操作，即可使用该客户端同时收取多个邮箱的邮件。

（3）立即处理还是定时处理

客户发送邮件的时间不是固定的，有时可能一小时内收到几十封邮件，有时可能收不到邮件，但收到邮件是立即处理还是定时处理更能提高办公效率，用户可以根据平时收到邮件的总量来选择。

如果邮件总量不太多，处理邮件所占用工作时间少于总工作时间的 10%，建议采取立即处理的方法，不仅能快速回应发件人，还可以提高事件的处理效率。

如果邮件总量太大，处理时间超过工作总时间的 10%，建议选用定时处理的方法，如每隔 2 小时，集中处理一次邮件，这样不仅能够避免邮件堆积，还能有效防止工作思路被打断。

（4）采用 4D 处理邮件

4D 是指 4 个英文单词所代表的动作，分别是行动 (Do)、转发（Delegate）、搁置（Defer）、删除（Delete）。这 4 个动作涵盖了对任何一封邮件可能执行的动作。

① 行动：如果在阅读后发现邮件中含有需要由你来完成并且可以在很短的时间完成的任务，那么就要立刻有所行动。

② 转发：如果邮件中提到的工作可以转发给更适合的人，或者可以以更低成本完成的人，则要尽量将任务布置下去。可以在原邮件中加入对任务的说明、要求等，同时附上执行任务的人会需要用到的各种信息，告知其寻求帮助的方式，然后转发给适合这项工作的人。在转发的同时，也要记得通过抄送或单独的邮件通知原发件人这件事情已经被转交给他人处理。

③ 搁置：当邮件中提到的工作必须由你来做，但显然无法在短时间内完成的情况下，把它们暂时搁置起来，放入一个叫做"搁置"的单独文件夹，是使收件箱保持清空的好办法。

④ 删除：如果邮件只是通知性质的，并不需要进一步行动。确定以后会用到的邮件可以移动至其他"已处理邮件"文件夹，剩余的邮件要果断地删除。

（5）合理地管理邮件

合理地管理邮件也是提高办公效率的方法，如设置邮件的分类、置顶邮件、添加分类文件夹、设置快速回复等。下面就以 Foxmail 邮件客户端为例介绍。

① 设置邮件分类。使用分类工具的颜色和标签功能把邮件分成不同的类别，分别对待处理，如可以将未回复的邮件标记为红色，将分配给他人的邮件标记为蓝色，将等待回复的邮件标记为黄色，将需要搁置的邮件标记为橙色，将需要保留的邮件标记为绿色等。

② 置顶邮件。如果邮件是一份需要一段时间内处理的重要

内容，可以将其置顶显示。

❶ 选择要设置为置顶的邮件并单击鼠标右键，在弹出的快捷菜单中选择【星标置顶】命令。

❷ 即可看到将邮件置顶后的效果，这样收到其他再多的邮件也能快速地找到该邮件。

③ 添加分类文件夹。添加分类文件夹可以将分配给他人的邮件、等待回复的邮件、要搁置的邮件、要保留的邮件分别放置在不同的文件夹内，方便管理，提高查找邮件的效率。

❶ 在邮件客户端内，要添加文件夹的账户上单击鼠标右键，在弹出的快捷菜单中选择【新建文件夹】选项。

❷ 弹出【新建远程文件夹】对话框，在【文件夹名】文本框中输入要设置的文件夹名称，单击【确定】按钮。

❸ 即可完成添加文件夹的操作，选择要移动位置的邮件并单击鼠标右键，在弹出的快捷菜单中选择【移动到】→【移到其他文件夹】命令。

❹ 弹出【选择文件夹】对话框，选择要移动到的文件夹，单击【确定】按钮。

❺ 即可将选择的邮件移动至所选文件夹内。

④ 设置签名。为邮件设置签名，如来信已经收到、感谢你的来信、我会尽快处理的等，可以快速答复发件人。需要注意的是一些邮件客户端不支持设置签名，但是在网页邮箱中可以设置，在邮件客户端中设置的签名在客户端中仍然能够使用。

技巧 11 记录一切（印象笔记）

印象笔记是一款多功能、跨平台的电子笔记应用。使用印象笔记可以记录所有的日常资讯，如工作文档、工作计划、学习总结、个人文件、时事新闻、图片，甚至是新注册的账号等，都可以通过印象笔记来记录，从而形成自己的资料系统，便于随时随地查找。并且笔记内容可以通过账户在多个设备之间进行同步，做到随时随地对笔记内容进行查看和记录。

（1）建立笔记本

在印象笔记中设置不同的笔记本和标签，可以轻松实现有效管理一切的目标，如可以按照月份、日期或者是根据事件的类别建立不同的笔记本。

❶ 在【印象笔记】主界面点击左上角的【设置】按钮▤，在打开的列表中选择【笔记本】选项。

❷ 即可进入【笔记本】界面,在下方显示所有的笔记本,点击【新建笔记本】按钮 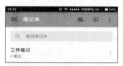。

> **提示**
>
> 初次使用时,仅包含一个名称为【我的第一个笔记本】的笔记本,印象笔记应用中至少需要包含一个笔记本,在没有创建其他笔记本之前,默认的笔记本是不能被删除的。

❸ 弹出【新建笔记本】界面,输入新笔记本的名称"个人文件",点击【好】按钮。

❹ 即可完成笔记本的创建，使用同样的方法创建其他不用的分类笔记本。

| 提示 |:::::::

　　长按要删除或重命名的笔记本，打开【笔记本选项】界面，在其中即可执行共享、离线保存、重命名、移动、添加快捷方式及删除等操作，这里选择【删除】选项。弹出【删除：我的第一个笔记本】界面，在下方的横线上输入"删除"文本，点击【好】按钮，完成笔记本的删除。

（2）新建笔记

　　使用印象笔记应用可以创建拍照、附件、工作群聊、提醒、手写、文字笔记等多种新笔记种类，下面介绍创建新笔记的操作。
❶ 进入【印象笔记】主界面，或者是点击要添加笔记的笔记本，进入笔记本界面，点击下方的【创建新笔记】按钮❹。

❷ 显示可以创建的新笔记类型，这里选择【文字笔记】选项。

❸ 打开【添加笔记】界面，输入文字笔记内容。选择输入的内容，点击上方的 A⁼ 按钮，可以在打开的编辑栏中设置文字的样式。

❹ 点击笔记本名称后的【提醒】按钮 ，选择【设置日期】选项。

❺ 弹出【添加提醒】界面，设置提醒时间，点击【完成】按钮。

❻ 返回至【新建笔记】界面点击左上角的【确定】按钮 ✓，完成笔记的新建及保存。

（3）搜索笔记

如果创建的笔记较多，可以使用印象笔记应用提供的搜索功能快速搜索并显示笔记，不仅可以按照笔记内容搜索笔记，还可以按照地点、方位、地图搜索笔记内容。具体操作步骤如下。

❶ 在【所有笔记】界面，点击界面上方的【搜索】按钮🔍。

❷ 输入要搜索的笔记类型，即可快速定位并在下方显示满足条件的笔记。

技巧 12 微支付（生活大便捷）——支付宝、微信支付

　　微支付是指在互联网上，进行的一些小额的资金支付。 这种支付机制有着特殊的系统要求，在满足一定安全性的前提下，要求有尽量少的信息传输，较低的管理和存储需求，即速度和效率要求比较高。这种支付形式就称为微支付。常用的支付软件有支付宝、微信支付等，下面就简单介绍一些微支付的安全及操作

技巧。

1. 支付宝

支付宝主要提供支付及理财服务。包括网购担保交易、网络支付、转账、信用卡还款、手机充值、水电煤缴费、个人理财等多个领域。在进入移动支付领域后，为零售百货、电影院线、连锁商超和出租车等多个行业提供服务。

（1）打造安全的支付宝账户

① 牢记支付宝官方网址，警惕欺诈网站。

支付宝的官方网址是 https://www.alipay.com，不要单击来历不明的链接来访问支付宝。可以在打开后，单击浏览器上的收藏，以便下次访问方便。

② 用邮箱或手机号码注册一个支付宝账号。

可以用一个常用的电子邮箱或是手机号码来注册一个支付宝账号。

③ 安装密码安全控件。

首次访问支付宝网站时，系统会提示您安装控件，以便您的账户密码能得到保护。

④ 设置高强度的"登录密码"和"支付密码"。

支付宝有两个密码，分别是："登录密码"和"支付密码"，这两个密码需要分别设置，不能为了方便设置成同样一个密码，两个密码最好设置成不一样，会更安全。缺一不可的两重密码，使得你即使在不慎泄露某一项密码之后，账户资金安全依然能够获得保护。

⑤ 建议使用支付宝安全产品。

如果平时习惯用手机，建议开通短信校验服务，它是支付宝提供的增值服务，会员申请短信校验服务后，修改支付宝账户关键信息或交易时，如超过预设额度，将需要增加手机短信校验这一步骤，以提高会员支付宝账户及交易的安全性。这个服务目前也是免费提供的。

如果不习惯使用手机，建议免费开通手机绑定服务，如安装数字证书，可以使你的每一笔账户资金支出得到保障。同时也可作为淘宝二次验证工具，保障淘宝账户安全。

⑥ 多给电脑杀毒。

及时更新操作系统补丁，升级新版浏览器，安装反病毒软件和防火墙并保持更新；避免在网吧等公共场所使用网上银行，不要打开来历不明的电子邮件等；遇到问题可使用支付宝助手进行浏览器修复。

（2）支付宝的安全防护

作为财务支付软件，安全保证十分重要，在安全的环境下进行支付宝交易，才能防止用户的信息及财物不被泄露和盗用。下面介绍几招支付宝的安全防护操作。

① 设置登录密码

注册支付宝时，需要设置支付宝密码，也就是登录密码，登录密码作为支付宝账户安全的第一道防火墙，非常重要。登录密码设置有以下注意事项。

● 登录密码本身要有足够的复杂度，组号是数字、字母、符号的组合。

● 不要使用门牌号、电话号码、生日作为登录密码。

● 登录密码不要与淘宝账户登录密码、支付宝支付密码一样。

为了保证支付安全，建议每隔一段时间更换一次登录密码。

❶ 进入支付宝账户后进入【账户设置】页面，选择【安全设置】选项卡，单击【登录密码】选项后面的【重置】按钮。

❷ 可以选择登录密码、手机或者邮箱验证，验证完成，进入【重置登录密码】页面，在【新的登录密码】和【确认新的登录密码】文本框中输入要设置的密码，单击【确认】按钮即可。

② 设置支付密码

支付密码是在支付的时候填写在"支付密码"密码框中的密码，这个密码比起登录密码更重要。通过支付宝支付，不管是在淘宝购物，还是在其他平台购物、支付等，都需要用到支付密码。

支付密码设置注意事项与设置登录密码类似。

如果要修改支付密码，可以进入支付宝账户后进入【账户设置】页面，选择【安全设置】选项卡，单击支付密码后面的【重置】按钮，然后根据需要进行设置即可。

（3）使用手机支付宝转账到对方支付宝账户

首先登录手机支付宝钱包，进入【支付宝钱包】界面，点击【转账】按钮。最下面会出现【转给我的朋友】、【转到支付宝账户】和【转到银行卡】3个选项。你可以直接向手机通信录的好友转账，前提条件：你的好友手机号开通了支付宝账户，可以直接用手机号登录支付宝。

❶ 在【转账】界面点击下方的【转到支付宝账户】按钮。

❷ 进入【转账到支付宝账户】界面，输入对方的支付宝账户，点击【下一步】按钮。

❸ 进入【转到支付宝账户】界面，输入转账金额，还可以按住【语音】按钮说几句提醒的话，输入相关信息后点击【确认转账】按钮，完成转账流程即可迅速转账。目前每笔最高20万元，手续费为0。

（4）使用手机支付宝转账到银行卡

在【转账】界面点击下方的【转到银行卡】按钮，在【转到银行卡】页面填写信息，包括姓名、卡号、银行及金额等。输入完毕后点击【下一步】按钮，完成后续操作即可。目前手机转账每笔最高 5 万元，手续费为 0。

（5）使用网上银行给支付宝充值

① 充值前准备。

一张支付宝支持的银行卡，并且所持有的银行卡开通了网上银行功能。这个功能的办理只能去所在银行进行办理。

② 网上充值过程。

❶ 登录支付宝账号。

❷ 登录后，点击【充值】按钮开始进行充值。

❸ 在打开的界面中选择【充值到余额】选项，然后选择【储蓄卡】选项里面的"银行"，点击【选择其他】按钮可以选择其他银行，以中国工商银行为例（注意充值只能用储蓄卡，信用卡不支持）。

❹ 单击【下一步】按钮，进行充值金额的填写和确认。并输入支付宝支付密码，单击【确认充值】按钮，页面即会显示已成功充值的信息。

（6）利用支付宝给信用卡还款

信用卡还款是支付宝公司推出的在线还信用卡服务，你可以使用支付宝账户的可用余额、快捷支付含卡通或网上银行，轻松实现跨行、跨地区的为自己或为他人的信用卡还款，支付宝信用卡还款操作如下。

❶ 登录支付宝。

❷ 单击页面下方的【信用卡还款】按钮。

❸ 填写还款信息，选中【我已阅读并同意《支付宝还款协议》】复选框，单击【提交还款申请】按钮，然后根据提示付款即可。

2. 微信支付

微信支付是集成在微信客户端的支付功能，用户可以通过手机完成快速的支付流程。微信支付以绑定银行卡的快捷支付为基础，向用户提供安全、快捷、高效的支付服务。

（1）打开支付安全防护

想要保护好支付安全，我们可以在使用前，打开支付保护功能，这样就可以更好地保护我们安全的购物了。

❶ 打开微信后，点击右下角的

【我】按钮，在【我】界面选择【钱包】选项。

❷ 打开后，在这个里面可以看到很多可以购物的功能，如滴滴出行和美丽说等，这些在未保证安全之前都先别用，继续点击右上角按钮，在弹出的下拉列表中选择【支付安全】选项。

❸ 打开支付安全功能后，会出现 4 个防护方式，后两个是自动开启的，只有前两个需要设置开启，分别选择【手势密码】和【支付安全防护】选项，然后根据提示进行设置操作就可以了。

（2）锁定网银支付

❶ 可以通过使用第三方软件，

给支付加一道锁，如360卫士来实现，先打开【360卫士】→【隐私保护】→【隐私空间】→【程序锁】选项。

❷ 点击微信软件就可以进入加密的设置功能，然后再直接给你需要加密的软件加上一个手势密码就可以解决问题了。

（3）绑定银行卡

❶ 打开微信后，点击右下角的

【我】选项，在【我】界面选择【钱包】选项。

❷ 进入【我的钱包】界面，点击【银行卡】按钮。

❸ 进入【银行卡】界面，点击【添加银行卡】按钮。

❹ 进入【添加银行卡】界面，设置支付密码。

❺ 在打开的界面输入持卡人、卡号等信息，点击【下一步】按钮。

❻ 填写银行卡信息，输入银行预留的手机号，并勾选【同意《用户协议》】复选框，然后点击【下一步】按钮。

❼ 在【验证手机号】界面中点击【获取验证码】按钮，然后需要输入手机收到的验证码，点击【下一步】按钮。

❽ 至此，就完成了绑定银行卡的操作。

（4）使用微信给信用卡还款

❶ 打开微信后，点击右下角的【我】按钮，在【我】界面选择【钱包】选项。

❷ 进入【我的钱包】界面，点击【信用卡还款】选项。

❸ 弹出【用微信还信用卡】对

话框，点击"我要还款"按钮。

❹ 弹出【添加信用卡】界面，第一次使用时，要先添加还款的信用卡信息，包括信用卡号、持卡人和银行等信息，点击【确定】按钮。

❺ 信用卡添加成功后点击【现在去还款】按钮。

❻ 输入还款金额后点击【立即还款】按钮。

❼ 选择要支付的方式，可以选择零钱支付或储蓄卡支付，点击【确定】按钮，在弹出的【请输入支付密码】对话框中输入支付密码即可还款。

❽ 即可显示支付成功界面。

（5）使用微信支付

❶ 打开微信后，点击右下角的【我】按钮，在【我】界面选择【钱包】选项。

❷ 进入【我的钱包】界面，点击【手机充值】按钮。

❸ 进入【手机话费充值】界面，输入要充值的手机号码，并点击充值金额（可选的充值金额

有 30 元、50 元、100 元、200 元、300 元、500 元）。

❹ 在弹出的界面中输入支付密码。

❺ 即可完成手机充值的操作。

（6）使用微信转账

❶ 打开微信后，点击右下角的【我】按钮 👤，在【我】界面选择【钱包】选项。

❷ 进入【我的钱包】界面，点击【转账】按钮。

❸ 进入【转账】页面，可以搜索好友或者打开通信录，选择微信好友。

❹ 进入转账给朋友界面，输入转账金额，点击【转账】按钮。

❺ 微信转账需要输入微信支付密码，选择你的支付方式，并在【请输入支付密码】页面输入你的支付密码，即刻完成转账。

❻ 点击【完成】按钮，即可完成微信转账支付交易。同时在微信好友聊天记录中，可以看到一条转账的聊天记录。